Digital Design Essentials

UI设计黄金法则

——触动人心的100种用户界面

【美】拉杰·拉尔 / 编著

王军锋 高弋涵 饶锦锋 / 译

中国青年出版社

感　谢

————

安妮卡

我的女儿，她使我懂得生命中简单的事情是最美丽的。

拉克希米

我的爱人，她是我生命中最神奇的人，并一直陪伴我完成本书。

目录

移动端产品

其他类型产品

数字产品设计之旅

　　数字产品设计始于用户界面(User Interface, 简称 UI)——用户和数字产品的接触点。本书将带你展开一次设计之旅，介绍包括桌面系统、网络、移动终端乃至电视在内的 100 种数字产品的 UI 设计。

　　在这个循序渐进的阅读之旅中，你将会体验到数字产品设计从命令行界面到图形用户界面（GUI），再到自然界面、多点触摸以及有机用户界面的发展过程。同时，你还将了解到如电容触摸屏、蓝牙技术、人工智能、文本语音转换等技术的进步，以及如何以创新的方式构建用户界面，从而把数字产品设计提升到全新的境界。在新形势之下，设计师必须理解用户，必须明白产品的使用情境，因为产品的成功最终取决于用户的选择。

　　正如史蒂夫·乔布斯（Steve Jobs）所说："设计并不是说明产品像什么，而是应该表明产品的工作原理。"本书将拨开数字应用程序的面纱，带你了解产品背后的秘密。其中包括桌面软件、小工具、自适应网页界面、创新的移动应用以及平板电脑与主机上的游戏等 100 例不同的数字产品的 UI 设计。

　　此外，本书还从设计实践的角度提出了 UI 设计的诸多原则，并通过众多实际案例说明了这些设计原则是如何在最新的数字产品设计中体现的，以及如何通过严谨的思考来设计用户界面。同时，本书还通过一些实用而珍贵的图片及案例为设计师们提供了一些实际的建议，告诉设计师如何为日常使用的应用程序设计丰富的用户界面，这对设计师的工作有一定的帮助。

桌面产品

1 用户界面（人机界面）User Interface（Human-Computer Interface）
用户与计算机沟通和互动的途径

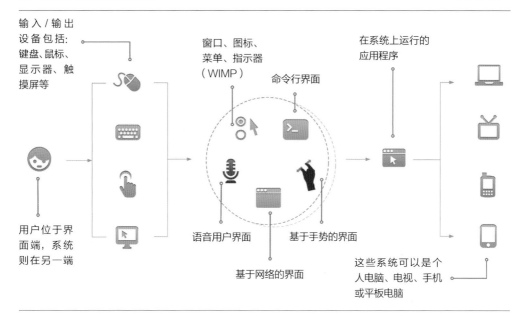

输入 / 输出设备包括：键盘、鼠标、显示器、触摸屏等

窗口、图标、菜单、指示器（WIMP）

命令行界面

在系统上运行的应用程序

用户位于界面端，系统则在另一端

语音用户界面

基于手势的界面

基于网络的界面

这些系统可以是个人电脑、电视、手机或平板电脑

用户界面不仅提供了输入机制，使得用户可以"告知"计算机自己的需求，还提供了输出机制，即计算机对用户的操作给予一定的反馈。人们利用键盘、鼠标、触摸屏和麦克风等工具，通过用户界面与计算机进行交互。

最佳设计经验与准则

- 轻量化设计
    - 遵循 80/20 原则，即只设计最好的 20% 的功能。
    - 选择具有视觉美感的颜色和布局。
    - 为用户界面的边框和数据选择较高的信噪比。
- 简洁
    - 使设计保持简单明了。
    - 关注于主要任务，避免分散用户的注意力。
    - 保证产品的功能性和简洁性。
- 可操作性
    - 使产品更易于操作，保证用户可通过多种设备（比如老旧的电脑和辅助设备）来访问。

- 保证所有人都可以操作产品：残疾人、老年人、文化水平不高的人等。
- 一致性
    - 同一应用程序中使用相似的布局和术语。
    - 采用用户熟悉的交互和导航方式。
    - 保证用户界面与使用情境的一致性。
- 反馈
    - 提供即时反馈。
    - 通过产品当前状态告知用户产品目前的后台运行情况。
- 容错性
    - 预防错误的发生，提供撤销功能。
    - 通过仅启用所需的命令来减少用户可能出现的操作失误。
- 以用户为主导
    - 给予用户完整的控制权。
    - 允许用户对产品进行定制和个性化设置。

（+）另请参阅第 12 页**图形用户界面（GUI）**、第 8 页**命令行界面（CLI）**、第 10 页 **WIMP 界面**、第 176 页**语音用户界面**、第 168 页**基于手势的用户界面**以及第 44 页**网页用户界面（WUI）**。

微软的记事本程序

记事本是 Windows 操作系统中使用最多的应用程序之一，它的用户界面在过去的十多年中一直未发生改变。该程序的成功得益于简单而又最小化的用户界面设计。

以专注于数据的形式打造了简单易用的用户界面

浅灰色边框具有较高的信噪比

自定义选项

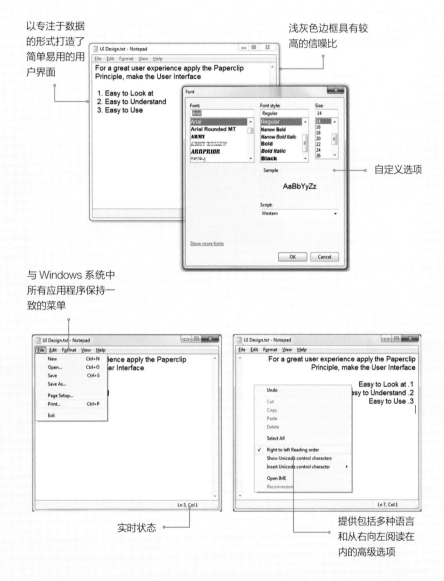

与 Windows 系统中所有应用程序保持一致的菜单

实时状态

提供包括多种语言和从右向左阅读在内的高级选项

2 命令行界面（CLI）Command Line Interface

一种非图形化用户界面，用户通过输入命令与应用程序进行交互

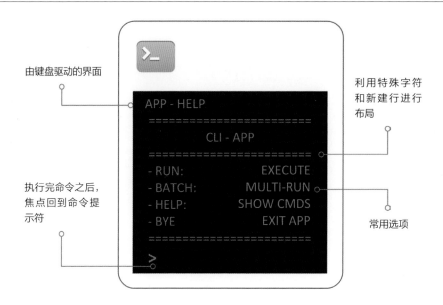

由键盘驱动的界面

利用特殊字符和新建行进行布局

执行完命令之后，焦点回到命令提示符

常用选项

```
APP - HELP

============================
          CLI - APP
============================

- RUN:           EXECUTE
- BATCH:         MULTI-RUN
- HELP:          SHOW CMDS
- BYE            EXIT APP

============================

>
```

命令行界面是通过键盘驱动并基于文本的界面。用户需要输入一行带有参数的命令，然后按下回车键执行。该界面既是交互式的，系统按照一定的序列给用户更多的命令提示；也是非交互式的，即当没有用户介入时，程序自动执行命令。这在命令行界面进行批处理任务（需要多次执行同一操作）时非常常见。

关键特征和功能需求

- 带有"关于"信息的欢迎界面。
- 给出针对每条命令及其参数的详细帮助信息。
- 带有键盘快捷键的菜单。

最佳设计经验与准则

- 使用标准的"动词——名词"方式设定"命令参数"（例如 ftp> open http://google.com）。
- 通过字母或数字等键盘快捷键进入子菜单。
- 命令要用单词全拼，避免使用符号和缩写（例如

使用 delete 而不是 del）。
- 为命令使用简单、易于识别和记忆的词汇（例如使用 username 而不是 unique identifier）。
- 给予文本形式的确认、反馈（操作完成之后）以及错误信息。
- 谨慎使用文本颜色，不要用它修饰界面。

用户体验要素

- 利用百分比进度条表示后台的处理进度，并更新界面状态。
- 针对错误，给出详细、附带参数的帮助命令。
- 允许批处理任务带有多个参数。
- 可通过上下箭头键访问历史命令。

⊕ 另请参阅第 12 页**图形用户界面**（GUI）。

华盛顿大学的 Alpine（邮件客户端）

Alpine 的邮件服务使用了命令行界面。它在欢迎界面上显示了一条问候信息，屏幕底部有一个命令栏，它会随着屏幕内容的变化而变化。菜单选项可以通过字母快捷键进行访问。该界面具有交互功能，它的每一屏都会提示用户该如何进行下一步操作。

邮件客户端的命令行界面

带有问候内容的欢迎界面

执行下一步操作的快速命令

简单的白色背景以凸显颜色的特殊文本

主菜单上的命令都对应有单个字母的快捷键

跳跃的提示符提示用户在此输入命令

详细的帮助内容

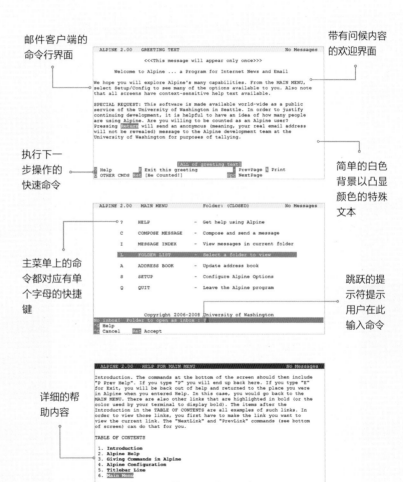

3 WIMP 界面 WIMP Interface

基于窗口、图标、菜单和指示器的界面

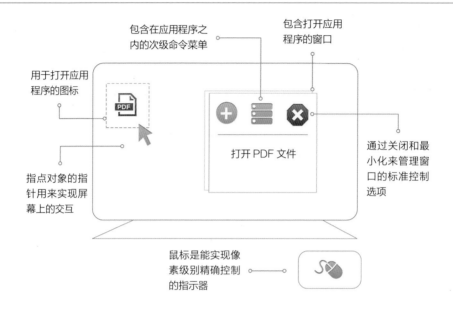

包含在应用程序之内的次级命令菜单

包含打开应用程序的窗口

用于打开应用程序的图标

指点对象的指针用来实现屏幕上的交互

打开 PDF 文件

通过关闭和最小化来管理窗口的标准控制选项

鼠标是能实现像素级别精确控制的指示器

WIMP界面是最早的图形用户界面（GUI），它是基于鼠标操作、键盘的用户界面元素、窗口、可点击的图标以及下拉菜单等。其中，窗口能够运行独立程序；用户可以通过点击图标来运行程序；菜单提供了一系列随时可用的命令；指示器（指针）能够让用户从视觉上追踪鼠标的位置。

最佳设计经验与准则

- 为窗口设关闭、最小化、重置尺寸等操作选项。
- 利用像素级的交互实现"所见即所得（简称 WYSWYG，即 what you see is what you get）"。
- 在菜单和命令的命名中，遵守操作对象使用名词、操作动作使用动词的原则。
- 给予用户控制权，针对用户和计算机之间的请求和反馈展开对话。
- 创建容错性的用户界面，允许用户撤销操作。

用户对 WIMP 界面的期望在于用户界面和交互动作的一致性。

用户体验要素

- 通过利用用户熟悉的图标和菜单选项实现统一的设计。
- 给出反馈信息，持续告知用户应用程序的处理进度。
- 允许用户移动窗口里的内容，通常采用的方式是滚动。
- 利用标题栏区别不同的窗口。

⊕ 另请参阅第 12 页**图形用户界面（GUI）**和第 8 页**命令行界面（CLI）**。

Xerox Star 计算机(1981)和 Apple Lisa 计算机(1984)的主屏幕

Xerox Star 计算机通过 WIMP 界面来管理多个程序。它拥有小型化的图像(图标),这些小图像代表各个程序、文件以及文件夹命令。

Apple Lisa计算机的界面则包括一系列的图标、带有菜单的窗口以及用来与之交互的指示器。这样的设计使用户易于学习,同时与计算机中所有的应用程序保持一致。

在Xerox Star计算机上打开示例文档窗口

用来与计算机文件系统进行交互和打开程序的图标

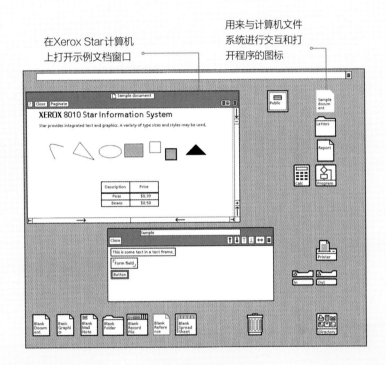

由鼠标控制的指针

针对命令的菜单以及子菜单

Apple Lisa 计算机中的应用程序图标

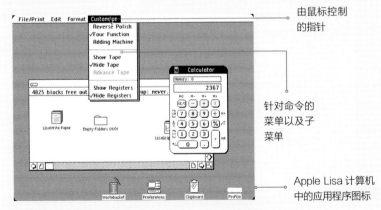

4 图形用户界面（GUI）Graphical User Interface

利用图形和符号与计算机进行交互的界面

支持多种输入方式

包含 WIMP 界面的元素：窗口、图标和菜单栏等

支持个人电脑、移动设备、掌上电脑（PDA）、平板电脑和媒体播放器等设备

鼠标

触笔

操纵杆

键盘

触摸

位图的显示促成了"所见即所得"

包括可重复使用的界面元素，也就是一些小工具（Widget）

字体的真实表现

便携式设备中的窗口以全屏方式显示

图形用户界面（GUI）是 WIMP 界面（窗口、图标、菜单以及指示器）进化后的产物，它包括可重复使用的用户界面元素，能够支持各类移动设备（例如移动电话、掌上电脑和音乐播放器等），而这些设备不一定非要使用鼠标作为指示器。用户可以通过图形化的形象、图标以及二维屏幕上的元素等与应用程序进行交互，而不需要像命令行界面（CLI）那样，只能通过键盘对计算机精确地输入复杂命令。

最佳设计经验与准则

- 使用象征的设计手法，选择现实世界中与应用程序相似的东西为其命名，如文件夹、桌面以及办公物品等。
- 确保用户能够透过用户界面的视觉特征预测出它的运行状况。

- 以视觉提示、图标等易于用户理解的语言，传递警告和错误等信息。
- 窗口、用户界面元素及其运行状况要使用统一主题。
- 利用用户熟悉的图像和动作使界面更易于理解，如通过点击类似于"家"的图标可以进入主窗口。
- 创建可重复使用的用户界面元素，例如按钮、输入框和信息窗口等基本控制元素。
- 确保界面可以对用户的行为做出反馈，并以用户可以预测且熟悉的友好方式更新界面。

＋ 另请参阅第 10 页 **WIMP 界面**，第 8 页**命令行界面（CLI）**以及第 22 页**集成开发环境（IDE）**。

Microsoft Visual Studio 2012

Microsoft Visual Studio 2012集成开发环境（简称 IDE，即 Integrated Development Environment）以图形用户界面（GUI）为基础，并允许开发者以此创建应用程序。它采用了用户熟悉的窗口、

菜单和以图标为基础的方式设计界面，并且允许用户通过标签页和浏览器管理项目文件，这些对于熟悉 Windows 系统的用户来说都是可预见并且再熟悉不过的东西了。

Visual Studio 2012 是基于图形用户界面（GUI）的集成开发环境

主窗口包含了一个项目的所有文件

标签页可以保持当前信息位于最顶端

标准的工具栏和基于菜单的命令

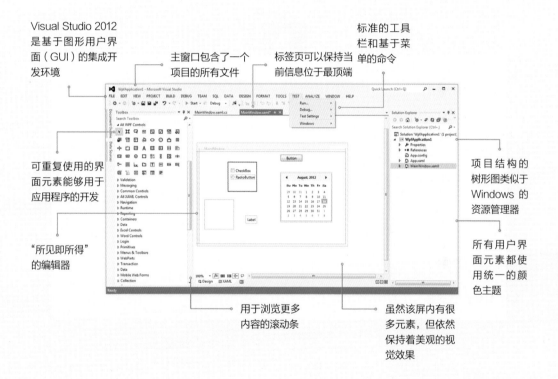

可重复使用的界面元素能够用于应用程序的开发

"所见即所得"的编辑器

项目结构的树形图类似于 Windows 的资源管理器

所有用户界面元素都使用统一的颜色主题

用于浏览更多内容的滚动条

虽然该屏内有很多元素，但依然保持着美观的视觉效果

5 图片编辑器 Photo Editor

用于改善和编辑数字化图像的图形化应用程序

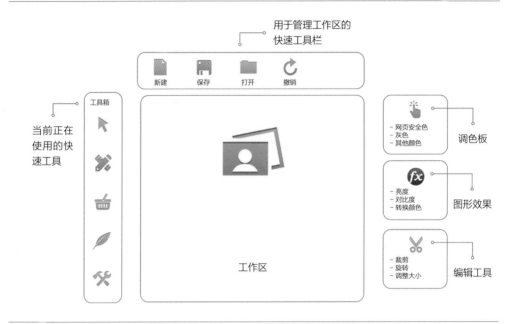

用于管理工作区的
快速工具栏

新建　保存　打开　撤销

工具箱

当前正在
使用的快
速工具

- 网页安全色
- 灰色
- 其他颜色

调色板

- 亮度
- 对比度
- 转换颜色

图形效果

- 裁剪
- 旋转
- 调整大小

编辑工具

工作区

图片编辑器用来编辑已有的点阵图像,或为其添加额外的视觉效果。图片编辑器是一个基于 GUI 的复杂程序,它拥有大量可提升图像效果的滤镜。

关键特征和功能要求

- 宽大的工作区用来编辑单个图像。
- 标准的应用程序工具条用来快速访问、创建和保存文件。
- 可快速编辑的工具箱和用于选择和改变颜色的调色板。
- 添加图层和图形效果的选项。
- 诸如修剪、调整尺寸和旋转之类的编辑功能。
- 高级编辑器还包括图像的直方图以及其他图像处理功能。

最佳设计经验与准则

- 为工作区提供全屏显示(标准的做法)的最佳空间,并进行优化。
- 为调色板、工具箱和图像效果使用浮动、可隐藏的部件。
- 通过标签页实现同时处理多个图像的功能。
- 为图像尺寸和缩放功能提供快速访问方式,帮助设计师提高工作效率。
- 提供一些高级功能,比如在应用图像滤镜之前先预览效果。
- 为裁剪、调整和旋转等常用编辑功能提供快速访问方式。

⊕ 另请参阅第 16 页**图像管理器**。

Paint.NET Image Editor

Paint.NET 是一个基于图形用户界面（GUI）并带有高级功能的图像编辑器。该程序采用标准的工具栏管理工作区，为工具箱、图层、调色板等采用了浮动的 UI 组件。它的中心区域是工作区，在工作时可显示图像尺寸、缩放视图和预览图等。该程序的 UI 简洁明了，使设计师可以心无旁骛地编辑图像。

用于管理工作区的工具栏

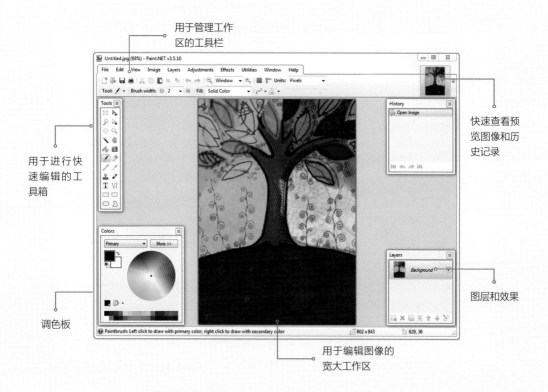

用于进行快速编辑的工具箱

调色板

快速查看预览图像和历史记录

图层和效果

用于编辑图像的宽大工作区

6 图像管理器 Image Manager

用于改善和编辑数字化图像的图形化应用程序

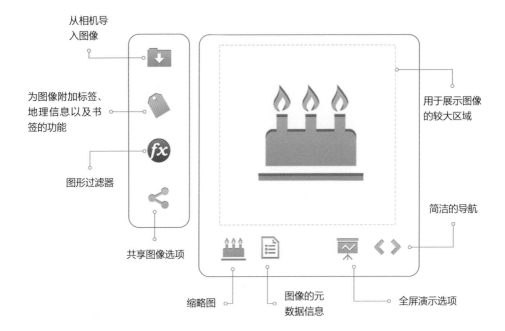

从相机导入图像

为图像附加标签、地理信息以及书签的功能

图形过滤器

共享图像选项

用于展示图像的较大区域

简洁的导航

缩略图

图像的元数据信息

全屏演示选项

图像管理器提供了管理图像的地方。你可以通过它浏览计算机上的图像，同时它还带有基本的图像编辑功能，如消除红眼、为图像创建幻灯片演示等。

最佳设计经验与准则

- 在浏览器窗口中针对选中的文件夹，创建展示区、列表、图标以及详细视图等。
- 为选中的图像建立缩略图，并迅速显示其元数据信息。
- 针对快速浏览和图像编辑，在单独的屏幕内显示图像。

- 图像显示的主要方式有: 最适合的(默认)尺寸、原始尺寸、全屏显示以及适应屏幕大小。
- 提供基本的图像编辑功能，比如调整对比度、亮度、裁剪和消除红眼等。

用户对图像管理器的使用诉求在于: 快速浏览图像、查看元数据、添加标签和共享等功能。

⊕ 另请参阅第 18 页**桌面系统资源管理器**、第 100 页**网页幻灯片演示**，以及第 124 页**手机 APP**。

Image Manager

Image Manager 是一个简单的图像
管理程序，它集成了资源管理器的视图，
并以此查看计算机中的文件夹。它能迅速
地以图库视图的方式显示所有图像文件，
还能以列表视图、图标视图、详细信息
视图等方式更加快速地显示图像。同时，
针对选中的图像文件，还提供缩略图和
图像的元数据。此外，用户还可以通过
该程序在网络上分享图像。

在网络上分享图像

集成资源管理
器来浏览计算
机中的图像

在浏览器中显
示选中图像的
缩略图

包括列表视图和网格视
图选项的图像浏览功能

便于从文件夹中
导入图像

包括多种尺寸
选项的全屏显
示功能

附带基本信息
的高质量图像

7 桌面系统资源管理器 Desktop Explorer

帮助用户管理文件和文件夹的应用程序

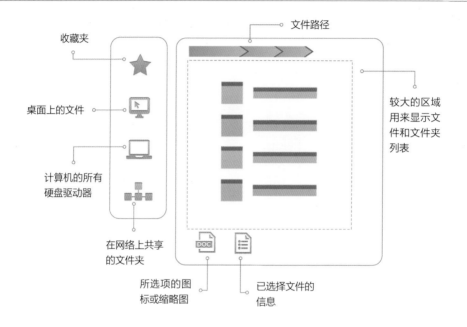

- 收藏夹
- 桌面上的文件
- 计算机的所有硬盘驱动器
- 在网络上共享的文件夹
- 文件路径
- 较大的区域用来显示文件和文件夹列表
- 所选项的图标或缩略图
- 已选择文件的信息

资源管理器是个采用了分层导航系统的文件浏览器和管理工具，能帮助你浏览计算机上的文件和文件夹。它为图片和文件提供了缩略图，还能帮助你查看文件的元数据，如文件名、文件大小、创建日期、媒体信息以及预览缩略图等。

关键特征和功能要求

- 允许用户自定义的文件列表、网格、缩略图以及详细视图等。
- 针对文件夹层级结构和导航的树形结构。
- 针对所选项当前路径的面包屑导航设计。
- 针对已选择文件元数据的信息条。
- 选项的缩略图或图标预览。

最佳设计经验与准则

- 为文件夹层级结构选择用户熟悉的计算机图标。
- 允许用户对文件列表和多个文件的缩略图执行过滤操作。
- 采用面包屑导航，这已经成为文件路径的标准导航形式。
- 采用与计算机资源管理器相似的控制方式。
- 支持预览文件和快速浏览文件信息。

用户对于资源管理器的期望在于更快的运行速度和熟悉的使用体验。

⊕ 另请参阅第 16 页**图像管理器**和第 162 页**触摸式用户界面**。

Windows 资源管理器与触摸屏系统资源管理器

Windows 资源管理器采用标准的树形结构显示计算机中文件夹的层级结构，并允许用户访问常用的文件夹，如我的文档和桌面等。它还支持为常用文件夹创建自定义的快捷键。触摸屏系统的资源管理器则专门针对触摸操作进行了优化，使用了更大的文件和文件夹图标，用带有缩略图的简单列表视图代替了文件夹的树形视图。

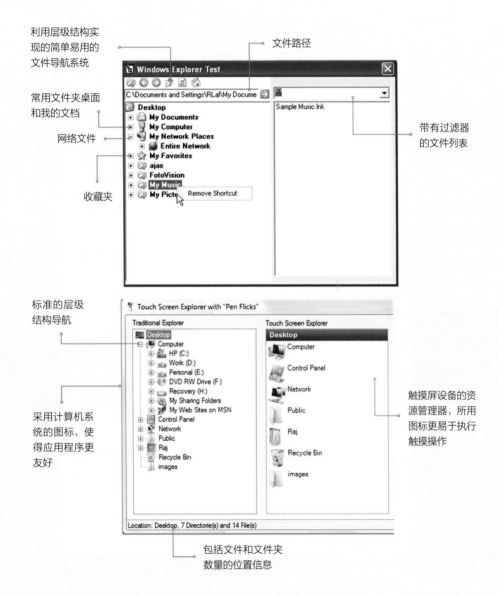

利用层级结构实现的简单易用的文件导航系统

文件路径

常用文件夹桌面和我的文档

网络文件

收藏夹

带有过滤器的文件列表

标准的层级结构导航

采用计算机系统的图标，使得应用程序更友好

触摸屏设备的资源管理器，所用图标更易于执行触摸操作

包括文件和文件夹数量的位置信息

桌面产品

8 帮助 / 软件向导 Assistant/Software Wizard

指引用户完成多个操作步骤的软件工具

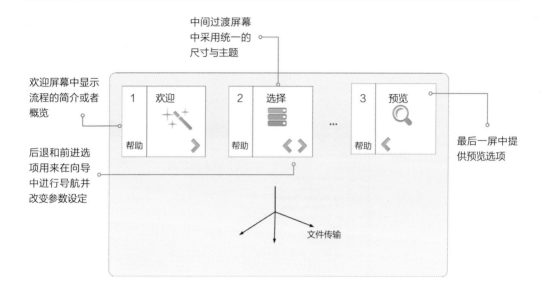

中间过渡屏幕中采用统一的尺寸与主题

欢迎屏幕中显示流程的简介或者概览

后退和前进选项用来在向导中进行导航并改变参数设定

最后一屏中提供预览选项

文件传输

帮助（也称为软件向导）用来帮助用户完成复杂的任务，如安装一个应用程序或创建一个视频文件，也可以帮助用户完成需要选择多个设定选项的任务。它通过询问一系列问题，并给出默认选项为用户提供帮助，它还能帮助第一次使用产品的用户熟悉整个任务流程。软件向导还允许用户返回到前面的步骤查看或更改一些选项。

最佳设计经验与准则

- 在欢迎 / 简介屏幕中给出整个流程的概览。
- 把帮助程序中的所有步骤进行合理的分类。
- 所有对话框使用统一的外观、尺寸，以及标准的图标，营造出"这些属于同一流程"的心理感受。
- 在所有步骤的屏幕中提供帮助或指向帮助文档的链接。
- 在前进和后退操作中提供选择功能。
- 可以利用推荐的默认设定快速完成整个流程。

(+) 另请参阅第 12 页**图形用户界面(CUI)**和第 10 页 **WIMP 界面**。

Mac 计算机系统中的 Migration Assistant

Macintosh 操作系统中的 Migration Assistant 能帮助用户将他们的文档和一些设置转移到新的 Mac 计算机中。它为用户提供了易于选择的选项，也支持前进和后退的操作。

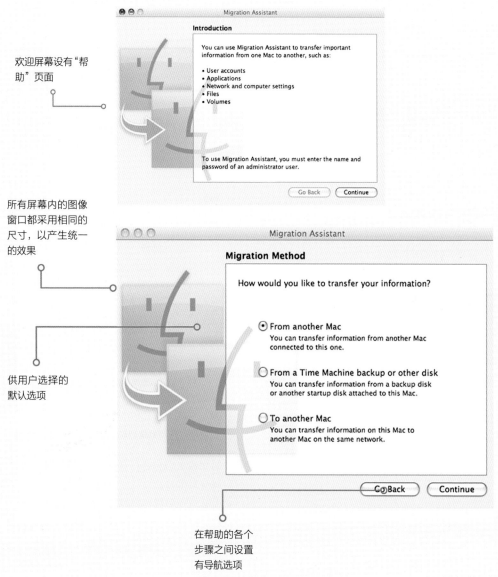

欢迎屏幕设有"帮助"页面

所有屏幕内的图像窗口都采用相同的尺寸，以产生统一的效果

供用户选择的默认选项

在帮助的各个步骤之间设置有导航选项

桌面产品

9 集成开发环境 (IDE) Integrated Development Environment

集成了各种工具和素材库的应用程序,可以帮助程序人员优化他们的工作流程

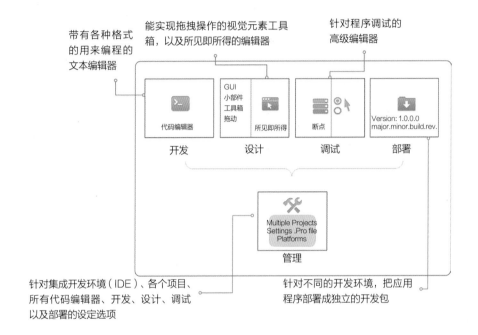

带有各种格式的用来编程的文本编辑器

能实现拖拽操作的视觉元素工具箱,以及所见即所得的编辑器

针对程序调试的高级编辑器

GUI
小部件
工具箱
拖动

代码编辑器 | 所见即所得 | 断点 | Version: 1.0.0.0 major.minor.build.rev.

开发　　　　　设计　　　　　调试　　　　　部署

Multiple Projects
Settings .Pro file
Platforms

管理

针对集成开发环境(IDE)、各个项目、所有代码编辑器、开发、设计、调试以及部署的设定选项

针对不同的开发环境,把应用程序部署成独立的开发包

集成开发环境是基于图形用户界面(GUI)的工作框架。它能自动完成重复的任务,提供易于使用的可重用控制项、素材库以及功能单元,从而提高工作效率。它把程序员所需的工具以独立应用程序的方式集成到软件产品完整的开发周期中去,从而为软件产品的设计、开发、调试和部署提供帮助。

最佳设计经验与准则

- 构建一个可以进行彩色编码的源代码 / 文本编辑器。
- 提供显示或隐藏单个 IDE 窗口(如工具箱、输出窗口或设计师视图)的选项。
- 显示行号,支持可折叠的代码视图。
- 支持项目资源管理器和设定,以方便地访问多个项目。
- 在不离开编程环境的情况下,提供调试、部署、搜索等功能。
- 为最常用的功能提供快速访问入口。

⊕ 另请参阅第 20 页**帮助 / 软件向导**和第 12 页**图形用户界面(GUI)**。

Qt Creator IDE

Qt Creator IDE 能创建运行于多种操作系统和设备之上的 GUI 应用程序。它支持在资源管理器视图中管理多个项目，并且配备了一个功能全面的源代码编辑器。该编辑器能显示代码行的行号，还支持折叠所选的代码片段。它还在 IDE 中集成了编译器、应用程序输出、搜索和项目设定等功能。

用于管理多个项目的树形视图

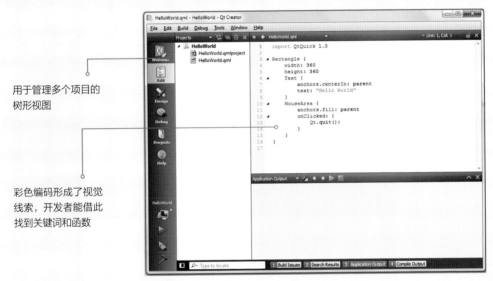

彩色编码形成了视觉线索，开发者能借此找到关键词和函数

易于使用的项目编辑选项、设计师选项和调试选项，以及针对项目开发的设定选项

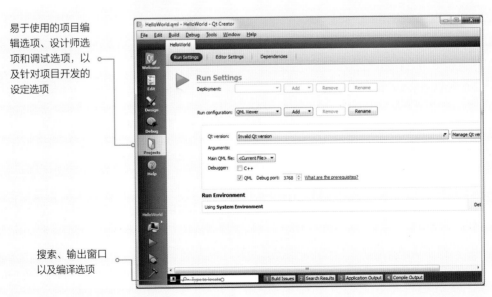

搜索、输出窗口以及编译选项

10 媒体播放器 Media Player

用于播放音频和视频文件的应用程序

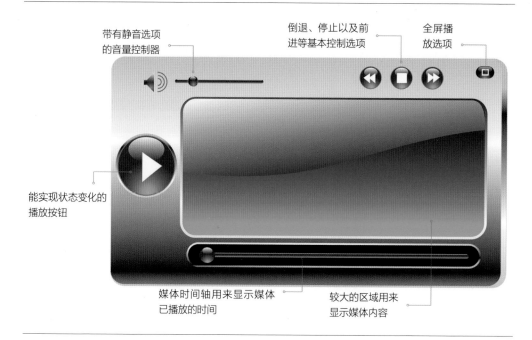

带有静音选项
的音量控制器

倒退、停止以及前
进等基本控制选项

全屏播
放选项

能实现状态变化的
播放按钮

媒体时间轴用来显示媒体
已播放的时间

较大的区域用来
显示媒体内容

媒体播放器是用来播放媒体文件的较为简单的公用程序。它可以是更大的媒体应用程序的一部分，如 iTunes、Windows Media Player 或者 Winamp——这些应用程序还具备某些媒体管理和编辑功能; 也可以是网络浏览器中的插件应用程序。它通常都带有标准的电视机控制选项, 用来播放、暂停、前进或倒退媒体文件。

最佳设计经验与准则

- 用带有高级状态和变化效果的富界面 (Rich Interface) 创建媒体播放器。
- 带有透明和渐变效果的控制器要用高质量的图像。
- 用显示持续时间信息的时间轴表现媒体已播放的时间。
- 可见且带有快速静音选项的音量控制器。
- 允许用户自定义"皮肤"或主题来改变播放器的视觉效果和心理感受。
- 提供以最常用选项来迅速播放媒体文件的基本版本。
- 拥有醒目的播放按钮, 以及可实现全屏播放的按钮。

⊕ 另请参阅第 92 页**富互联网应用程序 (RIA)** 和第 94 页**网络小工具**。

Vimeo.com 的媒体播放器

Vimeo.com 是一个视频分享网站，它有一个高级在线媒体播放器，支持用户上传、分享和浏览媒体文件。它为所有上传的视频文件提供了一个富媒体播放器，该播放器还支持用户自定义尺寸和高清播放模式。在视频生产者没有提供缩略图时，它会显示一幅默认的图像。

VIMEO.COM 网站上的媒体播放器

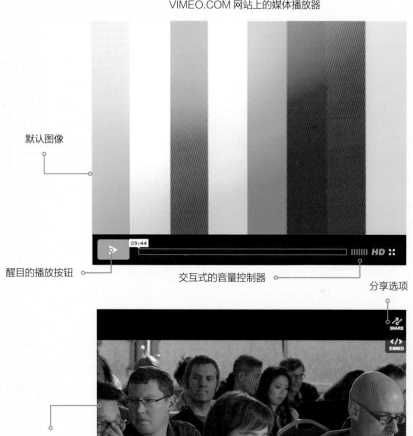

默认图像

醒目的播放按钮

交互式的音量控制器

分享选项

视频本身生成的缩略图

显示已播放时间的时间轴

高清播放选项

全屏播放选项

11 桌面小工具 / 小配件 Desktop Widget/Gadget

用户桌面系统中用于随时访问信息和功能的轻量化应用程序

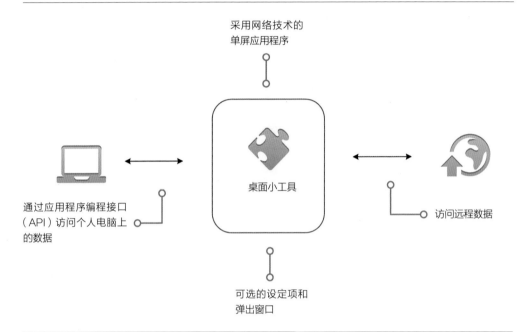

采用网络技术的
单屏应用程序

桌面小工具

通过应用程序编程接口
（API）访问个人电脑上
的数据

访问远程数据

可选的设定项和
弹出窗口

桌面小工具 / 小配件包括快速访问某些信息的小型应用程序、小型公用程序、游戏，以及现有应用程序或网站服务的附属程序。它能提供可快速访问的信息，让用户很容易地访问某些功能。小工具小配件可以是时钟、计算器、游戏、便利贴等等。桌面小工具 / 小配件利用网络技术呈现信息，易于开发。它们并不采用标准 UI 元素，比如带有菜单、工具栏、窗口的对话框。小工具 / 小配件的作用在于为后续的操作提供简要信息。

最佳设计经验与准则

· 利用简单的用户界面，针对特定的任务开发小工具 / 小配件。

· 为动态数据提供快速访问入口。

· 仅显示相关信息，避免出现滚动条。

· 为重新加载、错误、信息和警告等使用统一的视觉效果。

· 避免在小工具 / 小配件中出现广告。

· 利用可视对象、图像、标识、图标和颜色等视觉线索告知用户小工具 / 小配件的功能。

· 保证小工具 / 小配件中的交互元素不会打扰到用户。

· 为第一次使用的用户提供默认设置。

(+) 另请参阅第 12 页**图形用户界面（GUI）**和第 94 页**网络小工具**。

A Trick of the Day Gadget

Trick of Mind（来自 TrickofMind. com 网站）是一个信息类小工具。它抽取 RSS 信息源，然后在小工具的屏幕内，以快速且易读的方式显示出每天给出问题的标题。它提供了一个显示问题细节内容的弹出窗口，以及一个可以自定义软件外观的设定屏幕。

带有快速标题的小工具中简单的主屏幕

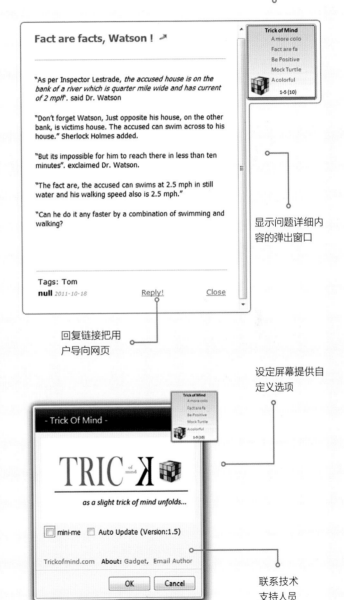

显示问题详细内容的弹出窗口

回复链接把用户导向网页

设定屏幕提供自定义选项

联系技术支持人员

12 仪表盘 / 记分卡 Dashboard/Scorecards
仪表盘能让用户快速浏览某个系统中的所有关键信息

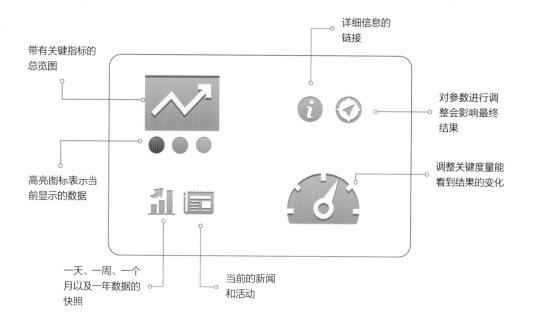

带有关键指标的总览图

详细信息的链接

对参数进行调整会影响最终结果

高亮图标表示当前显示的数据

调整关键度量能看到结果的变化

一天、一周、一个月以及一年数据的快照

当前的新闻和活动

仪表盘 / 记分卡界面以视觉化、易于理解的方式显示某一系统的关键指标。它通过数据总览、趋势、统计数据以及事项区域帮助用户制定正式的决策。它与汽车的仪表盘比较相似，数字化仪表盘通过显示整个系统的快速视图来帮助用户监视和理解系统信息。

最佳设计经验与准则
- 用单独的页面显示多个视觉信息块。
- 在左上区域显示最重要的数据或信息总览。
- 利用排序和高光效果显示当前的指数。
- 通过交互式的控制改变关键度量，从而影响最终输出结果。
- 清晰明确地显示出可交互的工具，用旧数据与变化后的数据相比较。

用户对于操作面板的期望在于快速读取信息，通过改变数据影响最终结果以及估算能力。

用户体验要素
- 创建具有整体视觉美感的界面。
- 为所有关键指标建立数据总览图，从而实现快速浏览。
- 采用简短、精准、易于阅读的文本内容。
- 用条状图统计数据，利用图表使数据可视化。
- 显示更多信息，比如能帮助制定商业决策的相关数据。

⊕ 另请参阅第 50 页**主页**和第 54 页**单页网站**。

Infragistic 实验室的 InfraDashboard

Infragistic 的仪表盘为他们的金融信息系统提供了一个单页面视图。它利用仪表盘显示数据总览、关键量度、指标以及统计数据。整体设计简洁明了，为重要的数据使用了明亮的颜色，以吸引用户的注意力。

当前的新闻

带有关键度量的快速数据总览

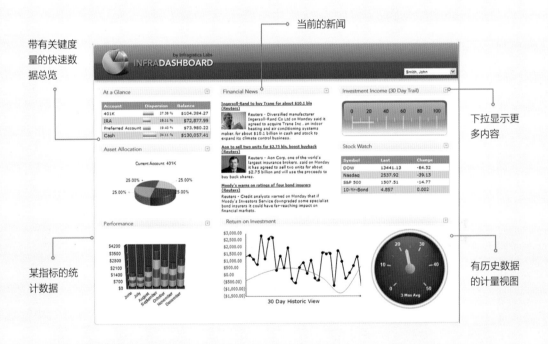

下拉显示更多内容

某指标的统计数据

有历史数据的计量视图

13 即时通信软件（IM）Instant Message

用于在两个人之间展开远程聊天的应用程序

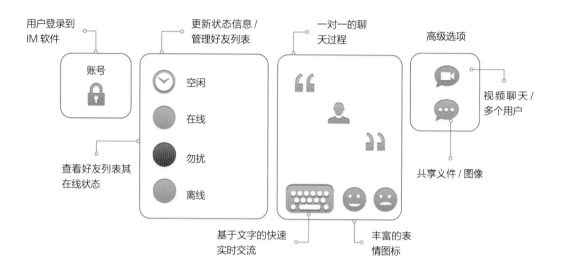

用户登录到
IM 软件

更新状态信息 /
管理好友列表

一对一的聊
天过程

高级选项

账号

空闲

在线

勿扰

离线

查看好友列表其
在线状态

视频聊天 /
多个用户

共享文件 / 图像

基于文字的快速
实时交流

丰富的表
情图标

　　即时通信软件能在网络上建立起快速的、基于文字的实时沟通渠道。它能为使用软件客户端程序的两个用户提供私密的聊天环境。传统的 IM 应用程序是基于桌面系统的，但现在已经成为网站甚至是智能手机的一部分。

最佳设计经验与准则

- IM 应该是单一目标的应用程序，其界面以紧凑为好。
- 在聊天信息中支持副文本格式和表情图标。
- 允许用户设定个人状态、账户图像以及账户状态。
- 为聊天提供丰富的基于文字符号的表情图标。
- 设置一个小的品牌推广和广告区。

用户对即时通信软件的期望在于进行个性化、迅速且可靠的信息沟通。

用户体验要素

- 保持界面的简洁，尽可能减少分散用户注意力的元素。
- 支持聊天过程中使用图片、多媒体以及文件共享功能。
- 通过个性化图像、带格式的文本、字体以及软件皮肤主题实现软件的个性化。
- 提供登录和聊天日志功能。

⊕ 另请参阅第 31 页**聊天室**和第 32 页**视频聊天**。

14 聊天室 Chat Room

支持一群人进行远程交流的聊天程序

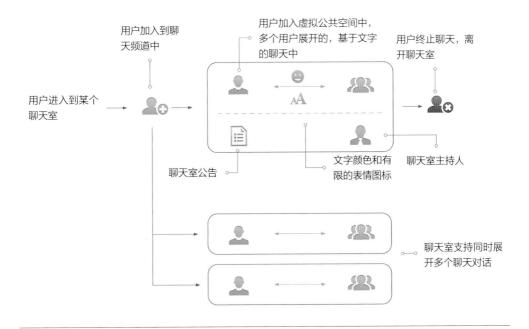

用户进入到某个聊天室 → 用户加入到聊天频道中 → 用户加入虚拟公共空间中，多个用户展开的，基于文字的聊天中 → 用户终止聊天，离开聊天室

聊天室公告　文字颜色和有限的表情图标　聊天室主持人

聊天室支持同时展开多个聊天对话

聊天室是个交互论坛，你可以实时与多个用户进行聊天，用户不一定非要登录到服务器，只需通过打开某个聊天室（也称为频道），并成为其中的活跃成员，这样就参与到了其中的聊天会话之中。与即时通信工具不同的是，聊天室只允许有限的个性化操作，比如个人形象图片、表情图标以及信息格式等。

最佳设计经验与准则

- 列出用户可加入的聊天室，支持用户创建新的聊天室。
- 公共聊天室应该避免要求用户注册 / 登录。
- 允许访客展开公共或私人的文字聊天。
- 支持用户状态指示图标以及带有昵称 / 头像的用户个人资料。
- 支持用户接受 / 忽略联系人列表之外的用户发来的信息。
- 在向新用户致欢迎词时介绍聊天室的规则。
- 提供聊天室主持人的联系方式。
- 允许用户只使用键盘就可以进行聊天。
- 尽可能少地出现文字性广告。

(+) 另请参阅第 30 页**即时通信软件（IM）**和第 76 页**在线论坛**。

15 视频聊天 Video Chat
带有网络摄像功能的信息沟通软件

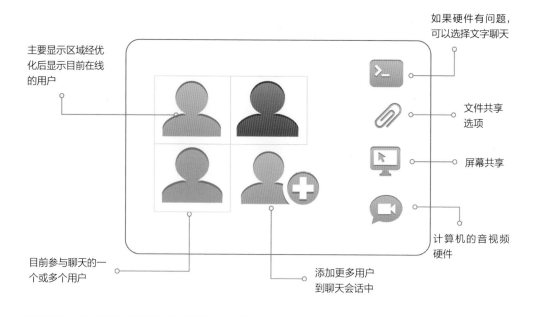

如果硬件有问题,可以选择文字聊天

主要显示区域经优化后显示目前在线的用户

文件共享选项

屏幕共享

计算机的音视频硬件

目前参与聊天的一个或多个用户

添加更多用户到聊天会话中

视频聊天软件允许两个或更多用户通过实时的声音和视频进行沟通交流。它利用计算机的网络摄像头和音频设备完成音频和视频的双向传输。

用户对视频聊天室的期望在于,快速实现与他人的协作和流畅的交互过程。他们希望花更少的时间设置软件,留出更多的时间聊天。

最佳设计经验与准则

- 针对显示一个或多个用户进行优化。
- 保证用户可以轻松便捷地添加 / 邀请更多的人参与聊天。
- 利用标准的聊天选项共享屏幕和文件等。
- 提供更改硬件设定的控制项。
- 允许用户从已有的联系人中选择添加聊天对象。
- 提供可以快速共享内容和文件的选项。
- 允许用户在自身视角和全屏模式之间切换。
- 保持呼叫窗口位于固定的位置,聊天视频窗口始终处于页面最前面。
- 如果要控制视频内容,请使用有边界的透明控制选项。

用户体验要素

- 易于使用的视频聊天功能。
- 最少的音频 / 视频设置项,或支持自动设置。
- 尽可能少地出现广告,最好没有。
- 屏幕共享选项。
- 更多的展示空间留给视频聊天。

(+) 另请参阅第 30 页即时通信软件 (IM) 和第 31 页聊天室。

ooVoo 视频聊天软件

由 ooVoo 开发的视频聊天软件非常简单易用，它支持多达 12 个视频聊天通道。用户登录账号以后，可以通过邮件账号添加视频聊天对象。在没有摄像头的情况下，该软件还支持文字聊天功能。软件的 UI 设计简洁明了，专门针对多用户视频聊天进行了优化。聊天客户也能够共享屏幕和文件。

为没有音频、视频硬件支持的用户提供的文字聊天功能

共享屏幕选项

多个聊天会话

显示在线用户的主要区域

针对音频、视频和音量调节的硬件选项

快速断开选项

16 交互式语音应答 (IVR) 系统 Interactive Voice Response System

与呼叫者进行交流的自动电话系统

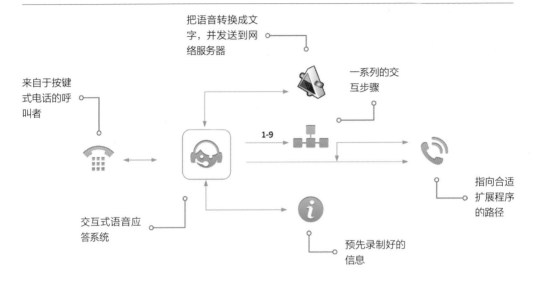

把语音转换成文字，并发送到网络服务器

一系列的交互步骤

来自于按键式电话的呼叫者

1-9

指向合适扩展程序的路径

交互式语音应答系统

预先录制好的信息

交互式语音应答(IVR)系统利用预先录制好的声音应答信息从呼叫者处采集数据，并发送给相应的扩展程序。IVR 系统可用来完成呼叫转移、信息查询、故障排除和自动的 7×24 小时客户服务等任务。它可以接收语音或者按键输入的信息，然后进行处理，把呼叫者转移到相应的地方，与虚拟的信息服务台比较类似。

最佳设计经验与准则

- 构建完整定义的决策树(Decision Tree)，利用它将呼叫者引导至预先设定的步骤。
- 根据呼叫频率对步骤进行排序。
- 制定标准选项，如：
  - 每一步最多有 4 个选项。
  - 按键"0"表示转到客服代表，"#"表示重复收听内容。
- 保证 IVR 系统的配置界面简单易用。
- 支持 IVR 系统集成数据库和网络服务。

用户对于 IVR 系统的期望在于通过全套工具实现全定制。

用户体验要素

- 对用户的呼叫表示欢迎，尝试为 IVR 系统加入一些个性化要素。
- 利用清晰的女声预先录制信息。
- 制作简单的应答信息。
- 设定用户不输入任何信息时的默认选项。

保证提示菜单简短、精确。

⊕ 另请参阅第 176 页**语音用户界面**和第 194 页**智能用户界面**。

Voicent IVR 系统

Voicent IVR 是个可操作性强的交互式语音应答系统，它能够轻而易举地与电话系统进行集成，也可以和基于 Java 的、能连接到数据库的应用程序进行整合。该程序以视觉化的方式提供了创建 IVR 系统的步骤，还有帮助用户对系统进行设定的教程。

介绍各项功能的
快速教程

关于创建交互式语音
应答系统的详细教程

针对初次使用
软件用户的启
动屏幕

针对 IVR 系统的
步骤说明

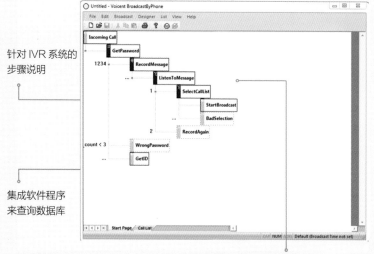

集成软件程序
来查询数据库

针对交互的易于用户
创建的视觉程序

17 直接交互用户界面 Direct User Interface

用户可以直接与界面进行交互的应用程序

包含三维对象的
直接交互界面

用户可以通过操纵三维对象
的表面直接控制对象

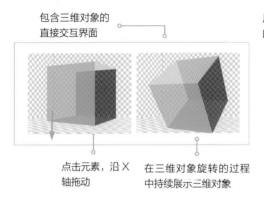

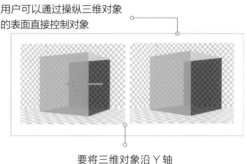

点击元素，沿 X
轴拖动

在三维对象旋转的过程
中持续展示三维对象

要将三维对象沿 Y 轴
拖动，可点击对象表
面进行操作

直接交互界面允许用户直接改变 UI 元素。其最流行的表现形式是针对三维对象的展示程序。三维对象变换时，如移动、缩放和旋转等需要沿相应的 XYZ 轴持续渲染三维对象。直接交互的方式为移动和旋转三维对象提供了最好的用户体验。

最佳设计经验与准则

- 采用直觉式的交互方式——用户应该能够触摸对象并与之进行交互。
- 采用多个对象和形状。
- 对于拖动类的直接操纵，采用简单且用户熟悉的交互方式。
- 持续不断地表现对象。
- 支持用户对对象整体展开全局性的交互动作。
- 为对象表面的特定交互效果来设计特定的交互动作。
- 允许用户在任意时刻重置对象状态或回到上一次的位置。

⊕ 另请参阅第 38 页**三维界面**和第 68 页**基于手势的用户界面**。

来自 CubeAssembler.com 网站的魔方

　　该魔方程序是较为简单的直接交互界面实例。它同时采用了传统的 UI 组件、菜单，以及直接交互界面。用户在特定方向上，对魔方表面执行点击和拖动操作就可以操纵魔方。同时该程序支持对魔方整体执行沿 X 轴或 Y 轴的旋转操作。

采用了直接交互
界面的三维魔方

拖动魔方之外的区域
来旋转魔方

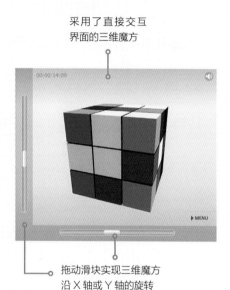

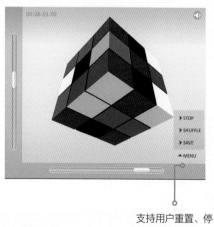

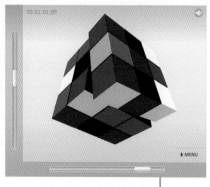

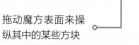

拖动滑块实现三维魔方
沿 X 轴或 Y 轴的旋转

拖动魔方表面来操
纵其中的某些方块

支持用户重置、停
止或移动魔方

18 三维界面 3-D Interface

支持三维交互的应用程序

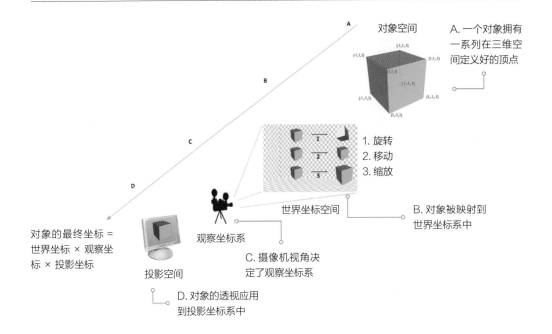

对象空间

A. 一个对象拥有一系列在三维空间定义好的顶点

1. 旋转
2. 移动
3. 缩放

世界坐标空间

B. 对象被映射到世界坐标系中

观察坐标系

C. 摄像机视角决定了观察坐标系

对象的最终坐标 = 世界坐标 × 观察坐标 × 投影坐标

投影空间

D. 对象的透视应用到投影坐标系中

三维界面是在二维屏幕上模拟而成的，人们仅靠裸眼就能看到三维效果，这与需要佩戴特殊眼镜的三维电影是不同的。三维界面模拟出了一个三维虚拟空间，对象的三维效果与摄像机坐标以及投影坐标有关。

最佳设计经验与准则

- 根据操作需求预先定义对象的变换。
- 提供合乎用户直觉的鼠标操作和键盘操作。
- 利用缩放功能展示不同层级的界面。
- 利用色彩、渐变和透明效果表现不同图层。
- 为不同的交互动作提供快速帮助和图例。
- 提供备用交互方法（鼠标／键盘）。
- 允许用户误操作，提供撤销／重做和重置功能。

⊕ 另请参阅第 36 页**直接交互用户界面**和第 10 页 **WIMP 界面**。

Windows 系统的 Flip 3D 功能

Windows Flip 3D 是在 Windows Vista 系统中引入的直觉性三维界面。同时按下 Winkey 键和 Tab 键就可以体验三维界面，用户可在模拟的三维空间中选择已打开的，堆成一叠的多个应用程序。每次按下 Tab 键，系统界面就会在已打开的应用程序之间进行切换。

Windows Vista 和 Windows 7 系统中的 WINDOWS FLIP 3D 功能

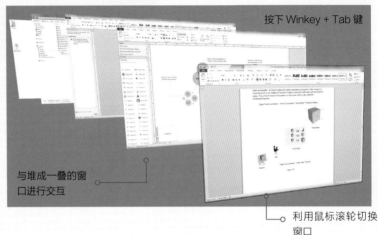

按下 Winkey + Tab 键

与堆成一叠的窗口进行交互

利用鼠标滚轮切换窗口

计算机屏幕上的三维显示过程

对象的最终坐标 = 世界坐标 × 观察坐标 × 投影坐标

图形处理和渲染

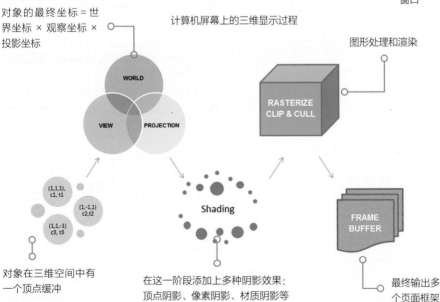

对象在三维空间中有一个顶点缓冲

在这一阶段添加上多种阴影效果：顶点阴影、像素阴影、材质阴影等

最终输出多个页面框架

19 Metro UI / Modern UI

关注于内容，由排版驱动的用户界面

Metro UI 的
4个关键特征

· 注重排版
· 没有边饰
· 动态
· 可靠

无边饰，无视
觉元素

光滑、顺畅是
Metro 的关键
特征之一

利用排版，而不是
UI 属性来区别数据

GUI 的
进化版

不需要渲
染的界面
元素

注重数据

Metro UI 是微软在 Windows Phone 7 系统中引入的界面，它凭借文本实现导航。Metro UI 注重简洁的排版，摒弃了所有用户界面中的边饰，如边框、渐变、阴影等，这一点与 GUI 界面不同，后者的 UI 元素都有明确的边界和视觉属性。

最佳设计经验与准则

- 构建功能性的排版
  - 利用空白区域确定视觉重点的位置，从而实现完美的视觉重点。
  - 创造视觉层次以区别不同内容并实现导航。
- 实时的动态效果
  - 为页面转换实现无缝、流畅的动画效果，以此营造界面的及时响应效果。
  - 利用动态效果赋予软件可用性、额外的维度和深度。
  - 使用连贯的动画，改善界面的用户感受。
- 构建无边饰的内容
  - 注重没有视觉边界的内容。
  - 移除 UI 中所有额外的边饰。
- 保证 UI 的可靠性
  - 针对形态要素展开设计。
  - 针对高分辨率屏幕进行设计。

⊕ 另请参阅第 42 页**拟物设计 / 仿真 UI** 和第 12 页**图形用户界面（GUI）**。

2012 年纽约 VSLive 会议的 App

VSLive 利用 Metro UI 设计原则创建了 Windows Phone 系统下的应用程序。该程序的界面在多个屏幕中显示了一幅全景图，并在这些屏幕内显示了该会议的信息、演讲者信息、会议主题、位置和日程等。该程序的界面上只有数据和用于交互的演讲者照片，整个界面上没有任何边界，实现了流畅的切换效果。参见 http://tinyurl.com/VSLiveWP7App。

全景式布局实现流畅的屏幕切换，同时也用于显示各类数据

简洁的排版使用户关注于数据

没有边界和视觉属性的页面

左右滑动的操作方便用户在各种信息之间进行切换

没有用户界面元素——轻触数据就可以进行交互

点击数据，查看其详细内容

用平铺的方式显示分组数据

20 拟物设计 / 仿真 UI Skeuomorphic Design/Faux Real UI

经过设计之后，看上去与真实世界物体具有相同外观和行为的界面

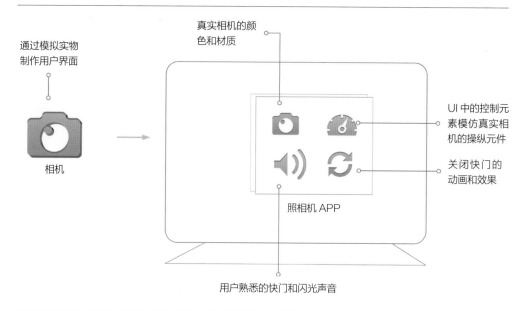

真实相机的颜色和材质

通过模拟实物制作用户界面

相机

UI 中的控制元素模仿真实相机的操纵元件

关闭快门的动画和效果

照相机 APP

用户熟悉的快门和闪光声音

拟物界面设计把数字界面和物理对象融合在一起展开设计，甚至会包括一些没有任何实质作用，只是让用户看上去很熟悉的元素。拟物设计（因 Apple 的设计而流行）是 GUI 的一种进化形式，它通过物理象征来构建应用程序。例如，iPad 所用的虚拟键盘上，F 和 J 键上依然有凸起物，这种出现在真实键盘上的东西的作用是为用户提供触觉反馈。拟物设计能为新的应用程序赋予用户熟悉的心理感受，这能对用户产生极大的情绪影响。

最佳设计经验与准则

· 基于象征展开设计时，要选择那些用户熟悉的具体对象，并保证其形象易于识别。

· 在设计应用程序之前，了解用户如何与类似的实物对象进行交互。

· 模拟现实世界中与之对应的实物的外观、颜色、声音和动画效果，比如，根据纸质日历设计一款数字化的日历。

· 在设计高级的专业应用程序时，向相关的专家请教。

· 设计的界面应该能帮助用户理解应用程序。

⊕ 另请参阅第 12 页**图形用户界面（GUI）**和第 40 页 **Metro UI/ Modern UI**。

针对 iPad 和 iPhone 的 iBook 应用

Apple iBook 应用程序利用拟物界面，让用户从电子书阅读器中找回了在现实世界中读书的体验。该程序把电子书放在了与现实世界类似的木质书架里。在电子书打开时能显示书籍的纸张厚度，并模拟了翻页动画，还为触摸动作添加了声音。

模拟真实书架
的界面设计

通过模拟深度
和阴影实现真
实的视觉效果

利用书籍和书架的
象征模拟对电子书
内容进行分类

模拟出的充满色彩且
带有触感的封面是电
子书所没有的

模拟出的纸张
厚度使用户感
觉亲切

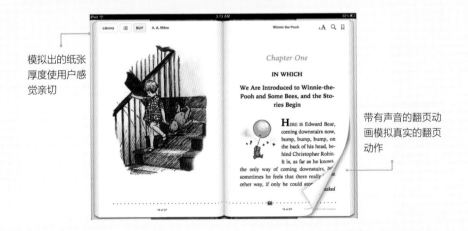

带有声音的翻页动
画模拟真实的翻页
动作

21 网页用户界面（WUI） Web User Interface

通过网络浏览器访问的应用程序界面

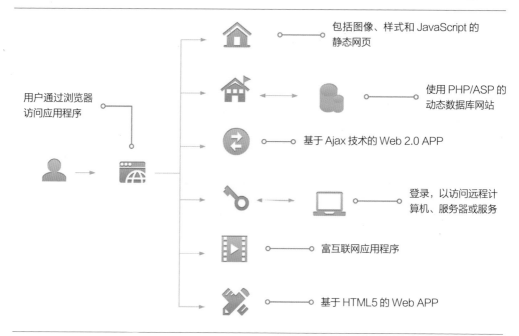

包括图像、样式和 JavaScript 的静态网页

使用 PHP/ASP 的动态数据库网站

基于 Ajax 技术的 Web 2.0 APP

登录，以访问远程计算机、服务器或服务

富互联网应用程序

基于 HTML5 的 Web APP

用户通过浏览器访问应用程序

基于网页的用户界面是采用了 HTML 语言（超文本标记语言），托管在本地文件系统或网络服务器上的应用程序，用户通过网络浏览器可以访问。它可以是使用 HTML、CSS 或 JavaScript 编写的静态网页，也可以是用基于服务器的程序语言，如 PHP/ASP 或 RIA 技术编写的动态网站，或者就是一个基于 HTML5 的应用程序。

最佳设计经验与准则

- 以主页为基准，建立标准的层级结构。
- 将每个页面的内容按照网格形式设计成规则的多个行和列。
- 保持布局的一致性。
- 将大版面的内容或过于复杂的任务分解至多个页面显示。
- 把导航的选项限制在六个以内。
- 使用有意义的图标、色彩和文字来帮助用户。

- 为长时间的后台服务提供用户反馈。
- 根据可达性原则确定最大用户访问量。
- 谨慎使用能吸引用户注意力的技巧。

用户体验要素

- 使用优化过的高品质图片和图形。
- 支持用户快速浏览信息块内容。
- 提供针对应用程序的特定任务流程。
- 使用醒目的菜单和链接。
- 避免页面刷新和持续的动画。
- 使用准确高效的文字表达。
- 力求简洁并且善用留白。
- 用富有美感的色彩、视觉提示和图标来建立更加丰富的布局。

⊕ 另请参阅第 48 页**网站**、第 50 页**主页**和第 46 页**无障碍网页**。

FreshBooks 是一个基于云端的网络财会应用。它使用了简单的两色主题、清晰的标题、白色背景、高质量的图片和常见的图标。这个网站提供了一个简单却有效的流程去引导用户免费试用。

为财会工作设计的网络用户界面

引导用户的流程

大面积留白以突出题目

仅使用两种颜色的主题

引人注意的单个按钮

常见的图标和视觉提示

高质量的图像

提醒用户注意

附带地址和版权信息的页脚区域

22　无障碍网页 Accessible Web

适合残障人士使用的网页界面

行动障碍
不便于使用
鼠标或键盘

视觉障碍
看不见内容或
无法辨别颜色

听觉障碍
听不到
媒体内容

认知障碍
不能理解
文本内容

了解四种主要的残疾障碍，创建真正的无障碍用户界面

　　无障碍界面能最大限度地让用户了解应用程序传播的消息、功能和所带来的价值。无障碍网页界面需要应对的四个主要障碍是：视觉障碍、听觉障碍、行动障碍（如使用鼠标困难）和认知障碍。

最佳设计经验与准则

- 使用语义化的 HTML 结构来设计内容、导航、选项和文本。
- 在 CSS 里编写能够改变视觉内容的脚本元素（例如：粗体、斜体、颜色）。
- 使用"label"标签的"for"属性关联"form"表单元素，从而对"field set"和"legend"元素进行分组归类。
- 在定义 HTML 表格时使用"summary"属性、表头标签元素"th"和"th"标签的"scope"属性。
- 前景色与背景色要实现良好的对比效果。
- 不固定字体大小，采用自适应的处理方法。

- 使用不同颜色标注已访问 / 未访问链接，或者添加下划线进行区分。

用户体验要素

- 建立清晰明了的站点结构；两栏式布局效果为最佳。
- 使用表意明确的链接文字；避免使用"点击这里"或"更多"这样的文字。
- 使用键盘的 Tab 键，按照逻辑顺序测试导航并且确保无"键盘陷阱"。
- 使用精简而有意义的内容，保证词汇简单，段落短小精悍。
- 标题的前几个字尽量表达出最重要的内容。
- 使用简单的、机器（读屏器）易读的词语，如"home page"，而不是"homepage"。
- 一个页面一个表单，避免混淆内容。

⊕ 另请参阅第 166 页**无障碍触摸式用户界面**、第 48 页**网站**和第 50 页**主页**。

BBC 新闻是个无障碍网站。它为用户提供了手语以方便获取信息。无障碍访问页面的布局非常简单，但却有一种现代美。它允许用户自定义字体大小、对比度选项，支持通过键盘访问所有的链接，提供了规范且直观的图标。

在顶部菜单中将链接最小化的简单布局

可通过键盘的 Tab 键访问各个主题

为媒体内容提供字幕

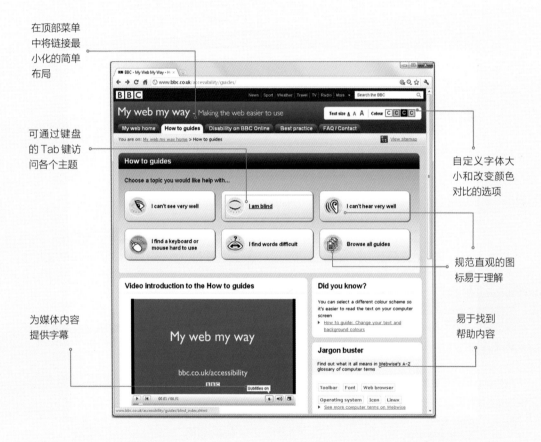

自定义字体大小和改变颜色对比的选项

规范直观的图标易于理解

易于找到帮助内容

47

23 网站 Website

可通过统一的网址访问的网页、图像和资源的集合

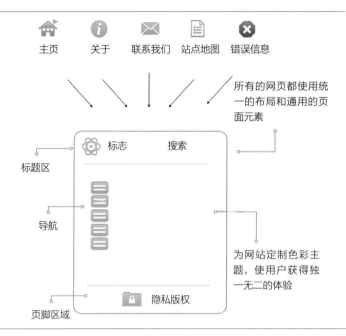

网站是公司或个人在网上的形象展示。它由很多网页组成,其文本文件被转化成超文本标记语言,由网络浏览器显示出来。网页一般包含图片、媒体文件、脚本和带有链接地址的格式化信息。通过特定的网络地址(被称作 URL,统一资源定位符)可访问指向的网站,URL 会把浏览者导向网站首页。

最佳设计经验与准则

设计网站时要关注于用户的首要任务,规划网站内容,吸引访客,支持尽可能多的浏览器和平台。

- 标志和公司名要醒目。
- 把标志颜色作为网站的配色主题,最多使用 3 种颜色。
- 创建信息丰富的网页标题、统一的头文件,规划出标志区域,页脚和导航。
- 通过良好的背景色对比平衡页面中的内容、图片与留白。
- 给出清晰的标签和网站架构导航。

- 提供有意义的链接标签,用统一的颜色主题加下划线区分已访问 / 未访问链接。

用户体验要素

- 注意网站的效能,页面加载时间应控制在 10 秒之内。
- 支持多种浏览器。
- 通过论坛、建议和反馈等功能来收集浏览者的意见。
- 如果提供搜索功能,保证它在显眼的位置并支持错误拼写。
- 允许调整文字大小,并提供打印选项。
- 避免弹出式窗口、框架和插件。
- 参考无障碍网络设计指南。

⊕ 另请参阅第 50 页**主页**、第 46 页**无障碍网页**以及第 52 页**个人网站**。

Sumagency.com 网站设计得非常
美观。它使用了网站标志的颜色作为主体
色，导航设计明晰，在文字和图片之间留
了很多空白区域。所有的标题区、页脚和
标志区域都拥有统一的视觉风格。

Sumagency.com

带有问候语的主页

网站标志通
常放置在页
面顶部

公司简介、联系方
式和导航

独特的配色设计使
网站卓然超群

位于页脚区域的联
系地址和版权信息

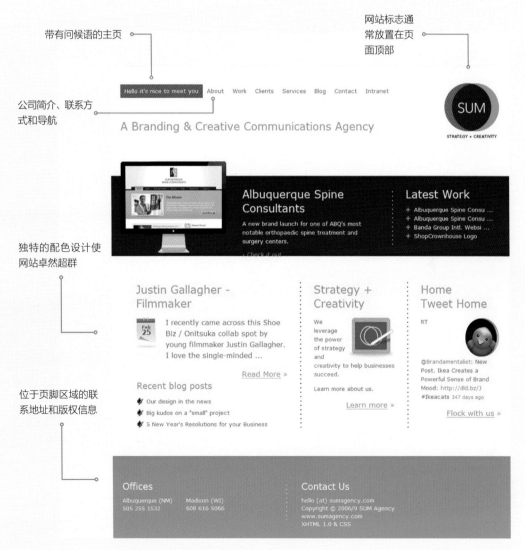

网页产品

24 主页 Homepage

主页是登录一个网站最先加载的页面

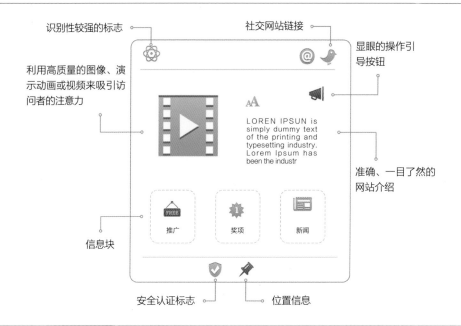

识别性较强的标志

社交网站链接

显眼的操作引导按钮

利用高质量的图像、演示动画或视频来吸引访问者的注意力

准确、一目了然的网站介绍

信息块

推广　　奖项　　新闻

安全认证标志

位置信息

LOREN IPSUN is simply dummy text of the printing and typesetting industry. Lorem Ipsum has been the industr

　　主页是用户访问网站时首先加载的默认页面。它用来欢迎用户并提供相关信息和服务，扮演着入口和内容索引的角色。通过它可以访问网站所有的内容。主页的设计目标是吸引访客使用网站的信息、产品和服务。

最佳设计经验与准则

- 在页面的视觉层次上使用独特的设计。
- 重点强调与用户相关的内容，采用以用户为中心的设计。
- 使用简单、清晰、易于理解的内容，避免使用缩写、感叹词和全部大写的英文字母。
- 避免页面滚动，把重要内容固定在滚动区域上方显示。
- 避免使用需要安装浏览器插件的文件，如 PDF 和 Flash 文件等。

用户体验要素

- 清爽悦目、极致简约的设计。
- 保证用户能很快找到并使用帮助功能。
- 避免采用带有纹理的 / 平铺式的背景。
- 清晰可见的联系信息。

＋ 另请参阅第 46 页无障碍网页、第 48 页网站和第 56 页博客。

Zedo.com 网站主页构建了清爽独特的布局，网站主题和网站标志十分相配。它用专业的图片和强调性的文本吸引潜在客户，当访客做好准备时，醒目的"开始"按钮能够指引他们进入下一个步骤。

显眼的操作引导按钮

社交网络链接

清晰的标志和说明

关于网站的简要介绍

引人注意的高质量图片

信息块

安全认证标志

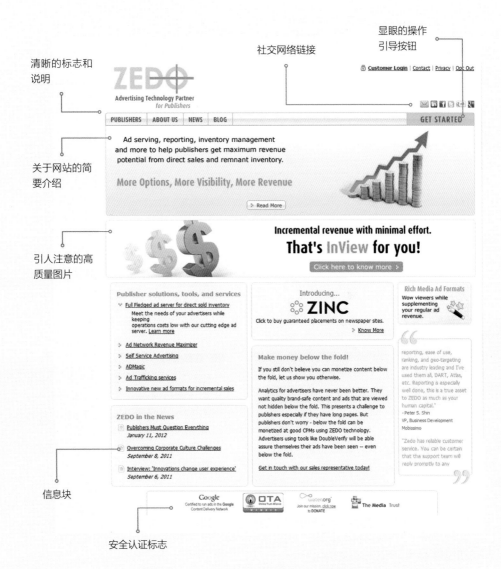

25 个人网站 Personal Website

以个人信息为主的网站

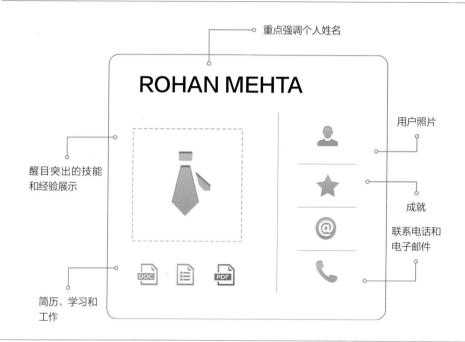

- 重点强调个人姓名
- 用户照片
- 成就
- 联系电话和电子邮件
- 简历、学习和工作
- 醒目突出的技能和经验展示

ROHAN MEHTA

个人网站是一个人在网络上的名片。它可以是独立的页面、静态网站，也可以是个人日记或博客。它可以是艺术家的在线作品集，包含作品小样，也可以是一个带有简历和工作经验介绍的网站。你可以把它当作是展示个人风采的窗口，也可以当成网络上的求职申请渠道。

最佳设计经验与准则

- 把姓名作为标志——这是你的个人品牌符号。
- 把网页标题作为快速访问信息，方便被搜索引擎搜到。
- 对简历和其他需要下载的文件，使用不带空格的文件名称。
- 使用易读的格式化字体、标题和项目符号。
- 添加能体现个人风格特点的照片、证书和奖项的扫描件。

- 保持内容简洁明了、大方得体。

用户体验要素

- 在主页的第一屏上写些能让人眼前一亮的东西。
- 能轻松访问联系信息。
- 测试所有的链接和文件下载是否可用。
- 不要使用框架、广告条或弹出窗口。
- 未完成的页面不要提供链接，不要出现"正在维护中"之类的页面。

⊕ 另请参阅第 48 页**网站**和第 56 页**博客**。

iLakshmi.com

拉克希米·恰娃的个人网站是以职业和目标为导向的。它主要向有可能聘用她的人展示自己的简历、研究成果和工作经验。导航中展示了个人形象照片、证书和获得的奖项。为潜在招聘人员准备的电话号码十分显眼。

在此处营造良好的第一印象

用姓名做标题，摒弃了传统的标志，导航简单

指向简历的链接

简洁专业的设计

链接到职场网络圈

展示个人风采的形象照

清晰的联系方式信息

出色的个人成就

根据相关度布局内容

Lakshmi Chaitanya

About　　Work　　Studies　　Resume

Welcome　"I am not young enough to know everything" - Oscar Wilde

Why It Means More...

I thrive to excel in application development by using my analytical and technical skills in a progressive environment. I believe that learning is a continous process and quality and time both matters in software development.

I have **8+ years** of experience in the IT industry in progressive roles from graphic artist, web designer, application developer to web programmer. I specialize in Web development using **C#, ASP.NET, AJAX .NET, and SQL Server.** I also have extensive experience in surrounding web technologies namely: **HTML, CSS, XML, and JavaScript.**

I have done Master's in Engineering from McNeese State University (LA) with a **GPA of 3.7/4** and **Higher Diploma in Software Engineering** from APTECH computer education.

Highlights

• 8+ years of experience in the IT industry.
• Microsoft Certified Application Developer (MCAD .NET).
• Extensive experience in C#, ASP.NET, and SQL SERVER.
• Extensivly worked with Stored procedures, Functions, DTS packages.
• Worked in Visual Studio 6, 2003 & 2005 IDE.
• Worked on SQL Server Reporting Services, Crystal Reports.
• Working knowledge of Secure XML Web Services.
• Experience with Subversion (SVN) and Visual Source safe.

Hobbies

I like to do Yoga, listen to classical music, Cooking. when i have spare time which is very rare , i like to do some abstract or scenic painting, or go hiking with friends.

View my profile on Linked in

Contact

Phone
+1-650-392-9270
Email
chaitanya.chava[gmail]

Microsoft CERTIFIED Application Developer

Awards

MCAD C # / ASP.NET
Microsoft Certified Application Developer with Visual C# and Visual Studio.NET

Adobe PhotoShop
Adobe Photoshop CS 2.0: Beginner and Advanced

b **Brainbench**

26 单页网站 Single-Page Website

只有一个页面的网站

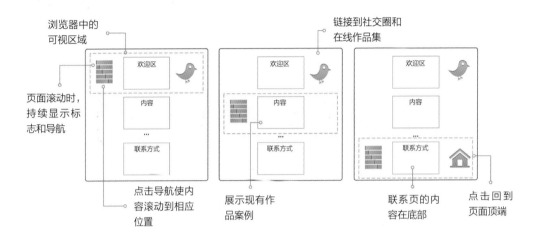

浏览器中的
可视区域

链接到社交圈和
在线作品集

页面滚动时,
持续显示标
志和导航

点击导航使内
容滚动到相应
位置

展示现有作
品案例

联系页的内
容在底部

点击回到
页面顶端

单页网站是网页设计的最新趋势。此类网站采用的是垂直滚动的长页面,通过锚点链接导航到页面的不同位置。单页网站普遍应用于画册类(作品集)网站和提供定制服务的网站。

最佳设计经验与准则

- 单页网站中普遍应用的内容包括:
  - 顶部的欢迎区
  - 照片集
  - 简介
  - 服务和推荐
- 使用标准的两到三色的配色方案和易读的文字内容。
- 让标志和导航相对位置固定。
- 给页面中的联系信息配上地图。

单页网站的目的在于提供更好的用户体验。

用户体验要素

- 如果需要展示很多图片,请使用幻灯片演示。
- 确保返回顶部按钮始终处于正常状态。
- 为内容使用"显示 / 隐藏"和"显示全部 / 部分"的选项,以实现更好的可用性。

⊕ 另请参阅第 50 页**主页**和第 52 页**个人网站**。

Unicrow.com 的单页网站设计得非常漂亮, 它以幻灯片方式展示图片, 采用单色配色方案, 并使用了大量留白, 这使得网站唯美而简约。它提供的内容包括公司简介、服务、作品和联系方式等。

图标和导航保持在同一位置, 不受页面滚动的影响

社交网络链接

在同一页面中, 为内容块上添加锚点链接

有大量留白的简洁主题设计

多幅图片采用幻灯片方式进行展示

链接到作品和提供的服务

当访客点击导航链接时, 网页自动向下滚动至相应位置

1000 多个高亮显示的关键词使该网站获得了很好的搜索排名

带有地址信息的联系表格

网页产品

27 **博客** Blog

博客是一个动态网站，专门放置用户的个人日记或某个团队的动态信息

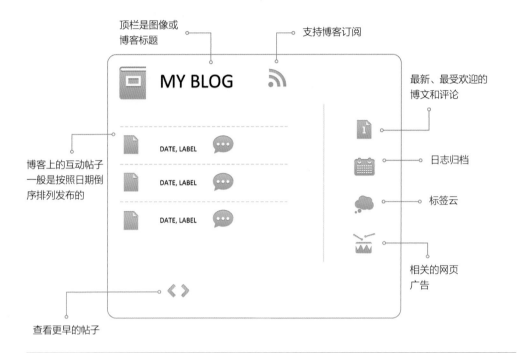

顶栏是图像或博客标题

支持博客订阅

最新、最受欢迎的博文和评论

博客上的互动帖子一般是按照日期倒序排列发布的

日志归档

标签云

相关的网页广告

查看更早的帖子

博客一般是单个用户或一群志同道合的人发表关于某个特定领域或话题的文章的平台。博客也具有品牌广告的效应，它包含大量由用户生成、频繁更新的内容。博客网站中设有大量的网络控件，允许用户从站外订阅，或用于信息发布、分享到社交网络等。

最佳设计经验与准则

- 创建具有吸引力的自定义页眉和层次分明的主题设计，实现独特的视觉感受。
- 使用用户熟悉的字体，保持文字格式整齐、可读。
- 为网站页面和搜索框使用浅色背景。
- 使用不超过 1024 像素的布局，尽可能支持更多的电脑浏览。
- 提供显示日历、日志归档和最近动态的侧边栏。

- 设计引人注意的"联系"和"订阅"链接，使得访客能快速做出行动。

用户体验要素

- 优化博客主页使用的图片，以提升加载速度。
- 使用简单易用的导航，页面不要太长，以提升加载速度。
- 限制网页广告和基于 Flash 的富互联网应用的数量。
- 在简介页面提供作者的照片和真实的人物小传。
- 允许实时共享和评论。

＋ 另请参阅第 52 页**个人网站**。

Jagritisinha.com 上的博客

Jagriti Sinha 的博客使用了Word-Press——用于发布网络内容的常用平台。其设计非常简单,博客标题的设计十分出彩,带有博客头图的副标题(标语)奠定了整个博客的配色基调。位于页面左侧的大部分空间都用来显示博客文章,该网站还提供了用于分享和评论这些博客文章的高级插件。

博客的名称和漂亮的背景图片　　　最新的博文

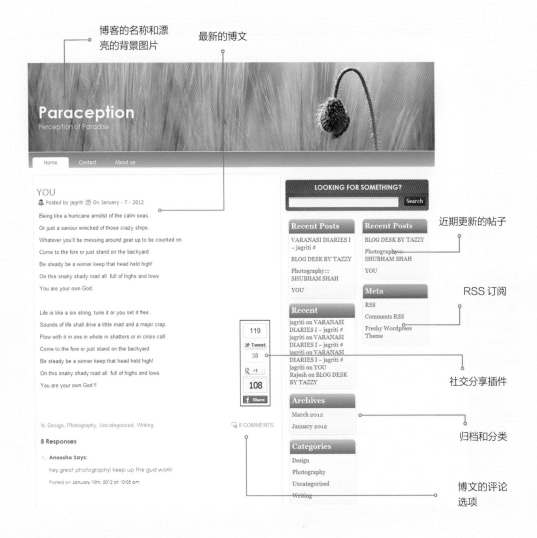

近期更新的帖子

RSS 订阅

社交分享插件

归档和分类

博文的评论选项

28 博客发布模板 Blogger Template

Blogger.com 为发布博客文章预先设定的布局样式

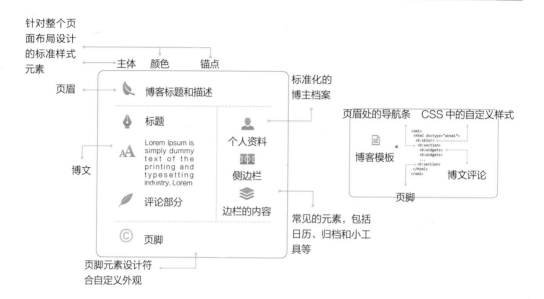

针对整个页面布局设计的标准样式元素

主体　颜色　　锚点

页眉

博客标题和描述

标准化的博主档案

标题

Lorem Ipsum is simply dummy text of the printing and typesetting industry, Lorem

博文

个人资料

页眉处的导航条　　CSS 中的自定义样式

博客模板 = 博文评论

评论部分

侧边栏

边栏的内容

常见的元素，包括日历、归档和小工具等

页脚

页脚元素设计符合自定义外观

博客发布模板是为展示用户的博客和帖子而预设的主题和布局，它可以在 blogger.com 上使用。它为用户的博客提供了自定义外观，允许进一步编辑样式风格。blogger.com 的模板允许自定义外观，提供了多栏布局的选择，用户还可以改变背景颜色和背景图片。

最佳设计经验与准则

- 为所有布局元素加入样式，包括标头、链接、表格、粗体、斜体等。
- 允许设计师改变模板中的颜色和字体。
- 为 Blogger.com 使用的所有图片提供图库，或者使用可靠的公用图库。
- 限制页脚中品牌标志的数量。
- 在不同的浏览器和移动设备上测试模板的兼容性。

用户对于博客模板的期望是既要满足功能需要（即插即用），又要满足外观需要。

用户体验要素

- 在顶部标题栏使用高质量图片。
- 注意主题颜色的搭配（互补色或对比色）。
- 将主题中使用的颜色减到最少。
- 利用社交网络的共享内容实现更好的用户体验。
- 在 Blogger.com 上严格测试模板。

＋ 另请参阅第 56 页**博客**和第 60 页 **WordPress 主题**。

Widget-box.blogspot.com 主题

Widget-box.blogspot.com 的自定义模板使用了简约的设计和配色方案。颜色种类非常少，浅色背景，黑色字体，深红色标题。

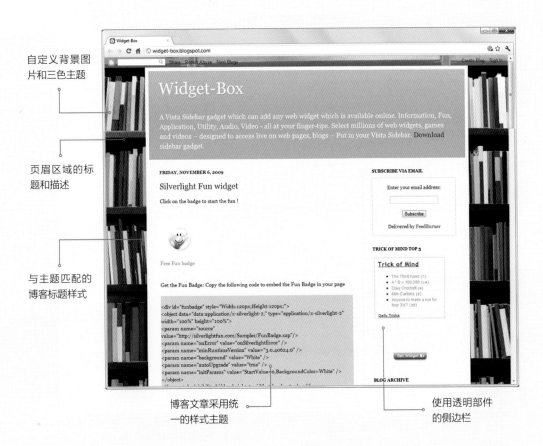

自定义背景图片和三色主题

页眉区域的标题和描述

与主题匹配的博客标题样式

博客文章采用统一的样式主题

使用透明部件的侧边栏

29 WordPress 主题 WordPress Theme

适用于 WordPress 博客平台的布局样式模板

WordPress 的模板

内容模板应用于索引、首页和主页等　HEADER.PHP — 标题和描述

标题　Lorem Ipsum is simply dummy text of the printing and typesetting industry. Lorem Ipsum has been the industry's standard dummy text ever since the 1500s.

对页面中重复出现的部分使用相同的模板　PAGE.PHP

COMMENT.PHP — 评论表

SIDEBAR.PHP — 侧边栏

SEARCH.PHP — 搜索

FOOTER.PHP — 页脚

图片 — 标题 标志 背景

STYLE.CS — 样式表

404.PHP AUTHOR.PHP CATAGORY.PHP TAG.PHP ARCHIVE.PHP ATTACHMENT.PHP — 其他模板

模板、样式表和图片的组合为基于 WordPress (一个普遍使用的内容管理系统)的网站创建了一个独一无二的图形用户界面。实际的网络内容由数据库决定,并不受主题的影响。WordPress 主题其实是一系列的 PHP 文件,你可以改变它的基本结构,包括页面模板、日志,以及主题中的大量设置和自定义选项。

最佳设计经验与准则

- 从最基本的两栏或三栏布局式主题开始。
- 使用流动式布局,以适应不同浏览器的窗口的大小。
- 提供改变页头颜色和背景图片颜色的功能。
- 在侧边栏恰当地使用小工具、标签云和 RSS。
- 保证用户能轻松添加访客统计小工具和网页广告。

- 在标头模板中提供搜索引擎优化(Search Engine Optimization, SEO)元标签。

用户对于 WordPress 主题的期望是美观以及可定制。

用户体验要素

- 主题采用两色或三色配色方案,内容使用可读性强的字体。
- 提供带有不同语言的国际化和本土化主题。
- 使用 HTML、CSS 和 PHP 编程时注意编码规范,便于开发人员维护。
- 针对特定网站类型(如教育、摄影)提供主题。

⊕ 另请参阅第 58 页**博客发布模板**和第 56 页**博客**。

ElegantTheme.com 提供的 Nova Studio 模板

Nova Studio 的设计十分优雅：它使用了易于阅读的 Helvetica 字体，主题只使用了两种颜色。这个主题支持用户进行彻底的自定义，包括多浏览器兼容、广告、可用小工具的侧边栏、带有全球通用头像的多级评论、本地技术支持等。

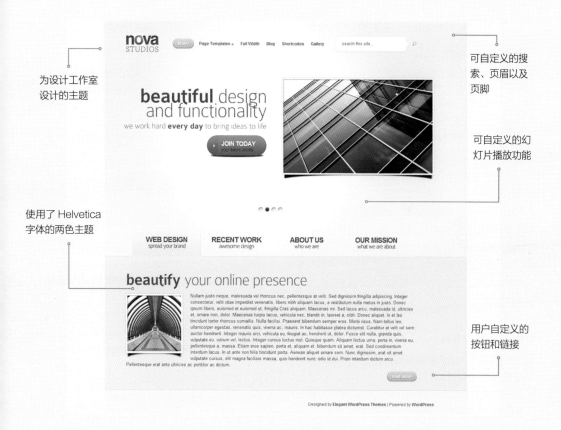

为设计工作室设计的主题

可自定义的搜索、页眉以及页脚

可自定义的幻灯片播放功能

使用了 Helvetica 字体的两色主题

用户自定义的按钮和链接

网页产品

30 **商品目录** Catalog
在线商店提供的零售产品清单

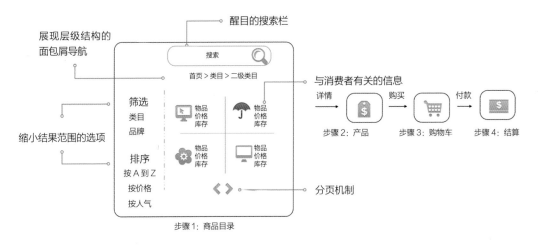

展现层级结构的面包屑导航

醒目的搜索栏

搜索

首页 > 类目 > 二级类目

缩小结果范围的选项

筛选
类目
品牌

排序
按 A 到 Z
按价格
按人气

物品
价格
库存

物品
价格
库存

物品
价格
库存

物品
价格
库存

与消费者有关的信息

详情 | 购买 | 付款

步骤 2: 产品 | 步骤 3: 购物车 | 步骤 4: 结算

分页机制

步骤 1: 商品目录

电子商务中的各个步骤

商品目录是个可视化的产品列表,旨在帮助客人找到要买的产品。它有时也被称为产品分类或产品列表页。一个组织清晰的商品列表是实现优秀的电商用户体验的关键所在。设计商品目录是电子商务的第一步,用户可以通过它浏览、排序、过滤很多条目,再决定是否购买。

产品列表页的设计目标是帮助用户找到自己想要的产品。

最佳设计经验与准则
- 为产品创建简洁美观的展览列表(网格视图)或垂直列表(列表视图)。
- 为用户提供友好和智能化的搜索服务,提供关键词、型号、类别等选项。
- 将物品按类目和品牌进一步分类,以促进用户继续浏览。
- 用列表视图、网格视图(4×8)和大网格视图(2×4)统一各个页面的产品展示方式。

- 通过提供产品信息、产品缩略图、产品价格和是否可购买等选项帮助使用者选购。

用户体验要素
- 快速响应是十分重要的,所以默认列表项数应尽可能少,针对小带宽不超过 24 项。
- 保证浏览和搜索所得结果的相似性,减少体验过程中的混乱感。
- 允许用户缩小搜索范围或者在搜索结果中继续筛选。
- 干净、整洁、专业的布局能赢得购物者的信任。

⊕ 另请参阅第 64 页**产品页面**和第 66 页**购物车**。

Olive and Myrtle

Olive and Myrtle 的商品目录展现出了具有美感的布局和简约的设计。它允许用户增加页面中显示的产品数量，使用了大量的留白，在视觉上更加舒适。

搜索框在显眼的位置

面包屑导航显示出你所在的首页位置

产品类目方便筛选结果

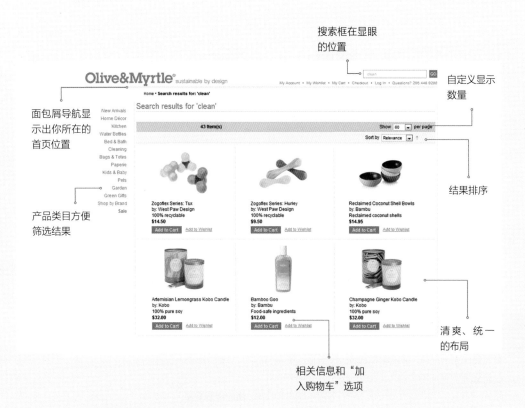

自定义显示数量

结果排序

清爽、统一的布局

相关信息和"加入购物车"选项

31 产品页面 Product Page

针对一款产品提供的单个详细信息页面

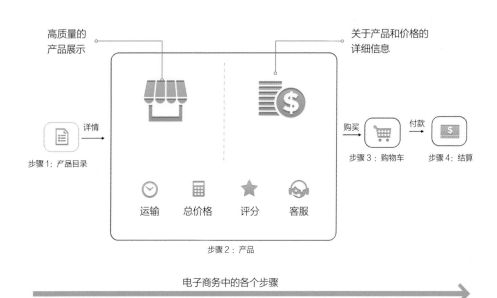

高质量的产品展示

关于产品和价格的详细信息

步骤1：产品目录 详情

运输　总价格　评分　客服

步骤2：产品

购买　步骤3：购物车　付款　步骤4：结算

电子商务中的各个步骤

产品页面的信息十分丰富，旨在帮助顾客决定是否购买某一产品。这意味着它是一个涵盖了所有用户需要信息的单个网页，其中包括与产品相关的图片、规格、尺寸、颜色、折扣、运费、成本、自定义选项以及与产品相关的媒体文件。

最佳设计经验与准则

· 使用两栏布局——左边显示图片，右边显示其他信息。

· 在一个页面上显示产品的所有信息，这样用户就不会浪费时间来回寻找。

· 为产品信息使用项目符号列表，以便快速访问。

· 通过面包屑导航可以返回产品目录，用户可以选择其他商品。

· "添加到购物车"按钮应足够明显，以鼓励消费者购物。

用户体验要素

· 为产品配上高质量的照片，在突出位置显示。

· 提供不同角度的产品照片和更丰富的观察视角。

· 向下滚动或把信息显示在同一个页面的多个选项卡中，这样可以避免重新加载页面。

· 使用"添加到购物车"而不是"购买"按钮。

· 用户生成内容（User-generated content，简称 UGC）能够提升用户对网站的信任程度，提供用户评级和评论功能。

⊕ 另请参阅第 62 页**商品目录**和第 66 页**购物车**。

Land's End 的产品页面

Land's End 的产品详情页面既整
洁又美观，从不同角度拍摄的高质量产品
图片让用户体验到了如见实物的感觉。
颜色和尺寸的快速选择方式能帮助用户
立即进入下一个环节。

自定尺码和颜
色选项

多张高质量产
品图片

带有侧边栏，
整洁美观的两
栏式布局

可交互的"添加到购
物车"按钮

交叉推荐相似、
相关物品

带有顾客详细评价
的评级

联系客服

32 **购物车** Shopping Cart
购物车支持顾客在网上购买多个产品

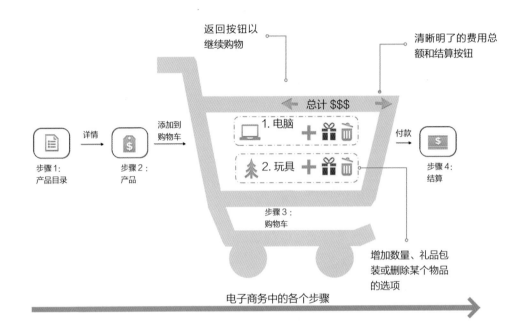

电子商务中的各个步骤

最佳设计经验与准则

- 使用醒目、美观的结账按钮, 鼓励顾客购买。
- 为购物车页面使用网站统一的配色方案, 在页面顶端提供清晰可见的导航栏。
- 计算预付款总额, 创建清晰明了的购物总览。
- 在购物车页面显示可以点击的产品缩略图, 便于顾客重新考虑。
- 用空购物车为第一次购物的访客演示如何购物。

用户体验要素

- 提供简洁的增加或减少购物车中商品的办法。
- 购物车界面要简洁, 消除一切干扰信息。
- 告知用户产品所提供的安全性保障。
- 浏览更多商品时, 在页面右上角提供购物车的快速预览。

⊕ 另请参阅第 62 页**商品目录**、第 64 页**产品页面**和第 68 页**支付**。

Walmart 和 Amazon的购物车

Walmart.com 的购物车界面简单易用, 在页面顶部的合适位置提供了导航条, 为用户呈现一致的外观和使用体验。用户在任何时间改变购物车内的物品, 购物车都能及时更新内容。

Amazon.com 的购物车界面更加考究, 展示了用户最近的浏览记录, 并保存了用户的每一步操作, 以备后用。系统能根据用户最近的页面浏览行为, 提供更多的购物选项。

购物车预览可以给用户提供快速参考

显示总支付金额, 醒目的结算按钮给用户提供了清楚的指示, 优美的外观鼓励人们购买

购物车的主题与网站一致, 带有统一的顶部导航条

Amazon.com 另外还显示浏览过的物品, 以及"收藏"的物品, 顾客很有可能会购买这些商品

33 支付 Checkout

网络上的购买行为

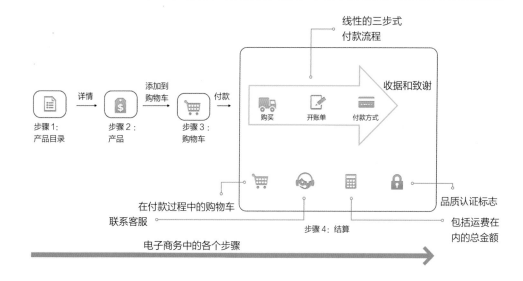

线性的三步式
付款流程

收据和致谢

步骤1:
产品目录

步骤2:
产品

步骤3:
购物车

购买　开账单　付款方式

在付款过程中的购物车
联系客服

步骤4: 结算

品质认证标志

包括运费在
内的总金额

电子商务中的各个步骤

这是电子商务的最后一环, 也是买卖交易行为发生的地方。在这里, 买方使用类似信用卡的在线支付手段为购物车内的商品付款, 并得到一张收据。付款的过程分为三个步骤: 得到发货信息、签收和网上确认付款。

最佳设计经验与准则

- 提供进度指示器 (进度显示), 告知用户目前付款流程的进度。
- 在付款流程中使用没有任何干扰和其他链接的导航, 这也被称为封闭式付款 (enclosed checkout)。
- 保证用户随时可以查看购物车中的信息。
- 为当前客户提供是否登录到账户的选项。
- 为新用户使用免登录付款或者更好的"开始付款"选项。
- 为订单汇总页面提供"购买"按钮以便于消费者进行支付。

用户体验要素

- 在线聊天可让用户即时获得帮助。
- 使用更少的步骤和默认选项。
- 对于一次性的购买行为, 单页的付款流程更优。
- 重视买家对安全性、送退货和售后服务的关注。

⊕ 另请参阅第 62 页**商品目录**、第 64 页**产品页面**以及第 66 页**购物车**。

案例研究
Land's End 的付款过程

Land's End 在一个页面中完成三步式付款流程，给购买者营造了极佳的购物环境。购物车在整个流程中随时可见，这让买家可以放心地购物。为新客户提供早期运费预算和"开始付款"按钮是不错的功能。

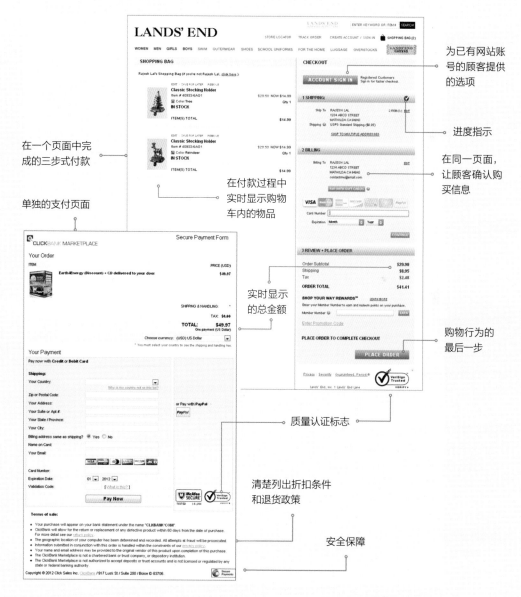

为已有网站账号的顾客提供的选项

进度指示

在同一页面，让顾客确认购买信息

购物行为的最后一步

质量认证标志

安全保障

清楚列出折扣条件和退货政策

实时显示的总金额

在付款过程中实时显示购物车内的物品

单独的支付页面

在一个页面中完成的三步式付款

69

34 用户账户 / 注册 User Account / Registration

为了享受个性化的服务而在网站上进行登记的过程

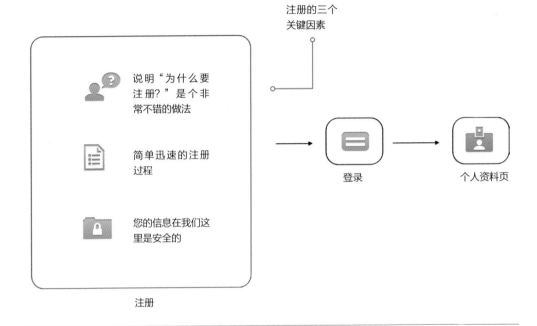

注册的三个关键因素

说明"为什么要注册？"是个非常不错的做法

简单迅速的注册过程

您的信息在我们这里是安全的

注册

登录

个人资料页

账户的创建是挖掘潜在客户群的第一步。用户创建账户之后，企业就可以以此创建用户数据库，并进行品牌推广。注册行为能帮助访客确认自己正在享受网络服务，还能节省他们的时间。可以为用户账户提供免费的基础业务，也可以提供收费的高级功能。

最佳设计经验与准则

- 为使账户创建更加简单，请使用单页注册表单。
- 在注册页面清楚说明注册的诸多好处。
- 把需要填写的注册信息最简化。
- 提供及时的验证和帮助，以避免用户错误输入或丢失数据。
- 给出明确的隐私权政策。

用户体验要素

- 在每一个注册栏内都提供描述性的帮助信息，给出有效输入的示例。
- 使用邮箱地址或唯一的用户名会让注册变得更简单。
- 如果使用邮箱地址作为登录名，那么要让用户明白应该创建新的密码（而不是使用原来的邮箱密码）。
- 保证针对老用户的登录和针对新用户的注册选项有明显的分别。
- 解释清楚注册行为如何能帮助用户更快地购物，考虑提供注册奖励。

⊕ 另请参阅第 72 页**登录**、第 60 页 **WordPress 主题**和第 74 页**用户个人资料**。

TrickofMind.com，一个分享谜题的网站

TrickofMind.com 允许用户注册，并用注册的 ID 贴出自己的谜题或为现有的谜题添加评论。它不要求用户自己输入密码，而是为用户的注册邮箱发去一个临时登录密码。

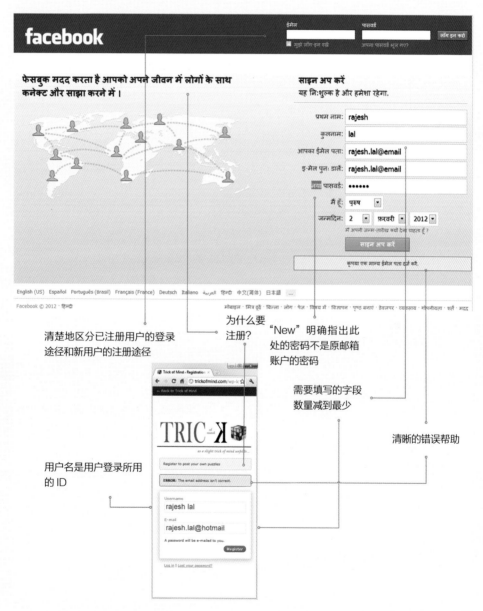

清楚地区分已注册用户的登录途径和新用户的注册途径

为什么要注册？

"New" 明确指出此处的密码不是原邮箱账户的密码

需要填写的字段数量减到最少

清晰的错误帮助

用户名是用户登录所用的 ID

網页产品

35 登录 Login
一种用于识别在线用户的安全机制

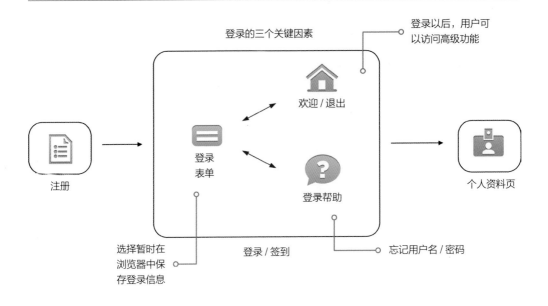

登录的三个关键因素 · 登录以后，用户可以访问高级功能 · 欢迎 / 退出 · 登录表单 · 登录帮助 · 注册 · 个人资料页 · 选择暂时在浏览器中保存登录信息 · 登录 / 签到 · 忘记用户名 / 密码

　　登录系统允许访问者以用户名与密码的组合通过验证。每一个用户名都是唯一的，并且登录密码决定了账户的有效性与访问级别。登录完成之后，用户应被重新导向至其账户页面。

最佳设计经验与准则

- 在登录表单和忘记密码表单中显示网站标志。
- 用户登录以后，用他的登录名向他问好，并提供"退出"选项。
- 在同一页面，利用色彩、文本等多种方式明确地告知用户验证信息。
- 使用验证码控制——用户必须识别图片中的文字，以确认是否是用户在登录。
- 登录帮助表单为用户找回用户名 / 密码。

用户体验要素

- 在登录名或密码错误时自动清除错误输入，账户被锁定时采取同样的处理方式。
- 当用户忘记密码时，提供可以快速重置密码的方式。
- 在登录页显示最佳安全防范或防钓鱼网站警示。
- 在首页放置一个登录表单。
- 支持用户只利用键盘访问登录表单，确保 Tab 键按照逻辑顺序切换当前的焦点。

(+) 另请参阅第 70 页**用户账户 / 注册**和第 74 页**用户个人资料**。

TrickofMind.com 的登录表单

TrickofMind.com的登录表单非常简单，没有任何无关的内容。它提供了一个注册链接和帮助链接，选择"丢失密码"选项可重置一个新密码。登录帮助表单有明确的指示，告知用户如何重置密码。

清晰的错误帮助信息

注册链接

登录帮助

带有明确指示的登录帮助

36 用户个人资料 User Profile

用户在网络社区的数字描述

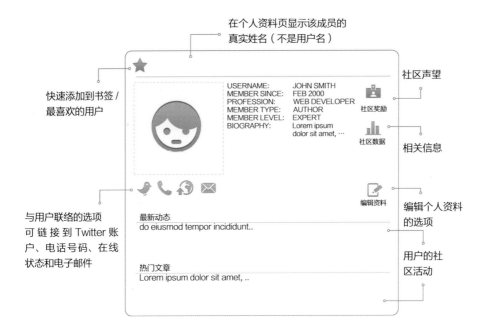

在个人资料页显示该成员的
真实姓名（不是用户名）

快速添加到书签 /
最喜欢的用户

社区声望

USERNAME: JOHN SMITH
MEMBER SINCE: FEB 2000
PROFESSION: WEB DEVELOPER
MEMBER TYPE: AUTHOR
MEMBER LEVEL: EXPERT
BIOGRAPHY: Lorem ipsum
    dolor sit amet, …

社区奖励

社区数据

相关信息

编辑资料

编辑个人资料
的选项

与用户联络的选项
可链接到 Twitter 账
户、电话号码、在线
状态和电子邮件

最新动态
do eiusmod tempor incididunt..

用户的社
区活动

热门文章
Lorem ipsum dolor sit amet, ..

用户个人资料由一组个人数据组成，包括名字 /
昵称、照片 / 头像、简短的个人介绍、职业、爱好和
其他兴趣等，这些能说明在线社区的某个用户。用
户个人资料随着社区活动的开展逐渐显示出该用户
的所有信息。

最佳设计经验与准则

- 使用单页布局让用户完善个人资料。
- 把用户的照片 / 虚拟形象和社区统计放置在页
  面的顶端。
- 在同一页面内为用户提供修改个人资料的编辑
  选项。

- 为书签、联系方式和用户链接提供醒目的操作
  引导按钮。

用户体验要素

- 把社区成员的真实姓名和用户名放在一起显示。
- 允许用户自定义 HTML 表现元素，自定义内容。
- 迎合初级用户并帮助他们过渡到高级用户。
- 为所有加入社区的用户准备一个默认的虚拟
  形象。

(+) 另请参阅第 72 页**登录**、第 70 页**用户账户 / 注册**和第 76 页**在
线论坛**。

CodeProject.com 和 Foursquare.com

CodeProject.com 有一个详尽的个人资料页面,记录了用户的完整信息和他们的社区动态。Foursquare.com 的个人资料页则简单很多,但它所提供的社交勋章能鼓励用户在网站上开展各种活动。

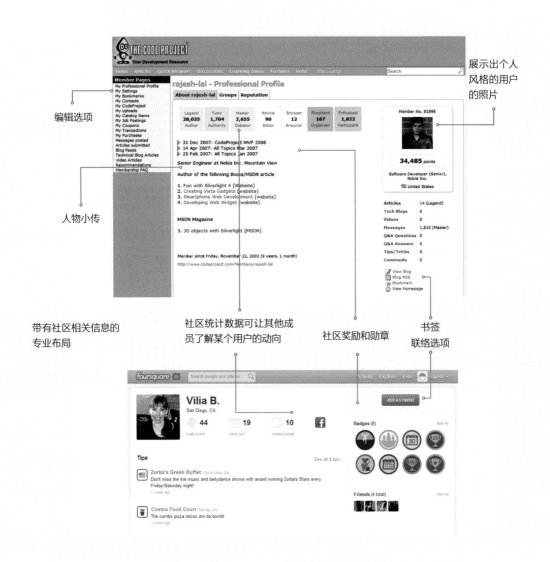

展示出个人风格的用户的照片

编辑选项

人物小传

带有社区相关信息的专业布局

社区统计数据可让其他成员了解某个用户的动向

社区奖励和勋章

书签联络选项

37 **在线论坛** Online Forums

为用户讨论问题、提问、与其他用户互动提供支持的网站

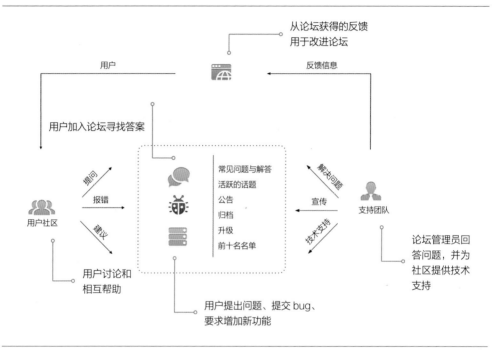

在线论坛,也叫公告栏或留言板。在这里,拥有相同兴趣爱好的用户可以一起讨论某产品或服务的功能、漏洞以及如何改进等问题。主要用来讨论问题的论坛能够支撑用户社区,已经成为软件或服务的一部分。

最佳设计经验与准则

- 允许用户通过简易的邮箱登录或以游客的身份参与讨论。
- 把最活跃的讨论帖排在主题列表中的首位。
- 将群组讨论话题归入易于找到的相关类别里。
- 支持带表情符号的全功能型文本输入,使用户的互动交流形式更为丰富。
- 显示注册、在线以及活跃用户的统计数据。

用户体验要素

- 根据用户活动为每个线程显示统计数据。
- 提供专门用于和管理员展开交流的区域。
- 保持论坛的实时性与动态化。

⊕ 另请参阅第 31 页**聊天室**、第 84 页**知识库(KB)**以及第 74 页**用户个人资料**。

Interviewinfo.net

Interviewinfo.net 是一个为求职者提供免费资源的在线论坛。在论坛页面中，用户提出的各种问题被归进了几个类别，每个类别都带有标题和副标题，还给出了主题数和回帖数。右侧的导航条列出了所有活跃的主题、零回复主题和活跃的用户。

话题被分到
多个类别中

热门话题、零回复
主题和活跃用户的
归档

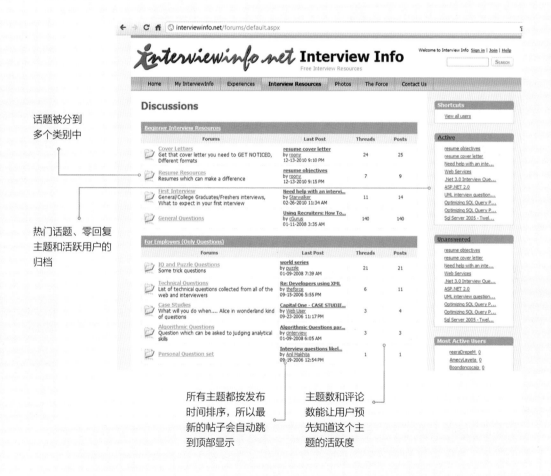

所有主题都按发布
时间排序，所以最
新的帖子会自动跳
到顶部显示

主题数和评论
数能让用户预
先知道这个主
题的活跃度

38 评论嵌套 Comment Thread

针对会话中一系列评论的逻辑分组

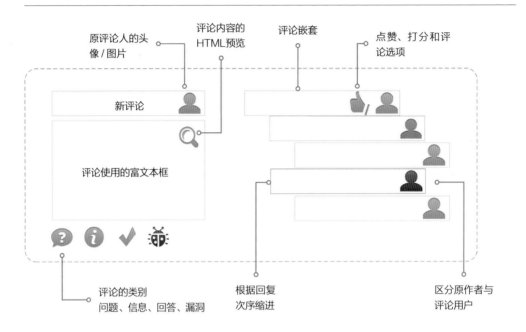

原评论人的头像/图片

评论内容的HTML预览

评论嵌套

点赞、打分和评论选项

新评论

评论使用的富文本框

评论的类别
问题、信息、回答、漏洞

根据回复次序缩进

区分原作者与评论用户

评论嵌套是基于某个话题、分层组合在一起的一系列评论,以便于之后能轻松地访问。它按照降序排列,并根据逻辑缩进显示,以便在顶部展示最新的评论,在评论跟帖中显示最近的回复。

最佳设计经验与准则

· 在评论中显示用户头像或图片。
· 提供能吸引用户参与的、丰富的讨论主题。
· 为评论嵌套提供收起全部评论内容的功能。
· 使用不同的背景颜色来区分不同用户的评论。
· 统计各个评论嵌套中的评论数。
· 为评论回复页面提供副文本选项。

用户体验要素

· 优化页面以显示更多评论内容。
· 提供快速回复选项。
· 提供与和某个评论回复进行互动、评分和点赞的功能。
· 为不同类型的评论,例如新闻、休闲娱乐和提问等提供标准化的图标。
· 给出评论已提交的时间,而不是提交的日期或时间。

⊕ 另请参阅第 76 页**在线论坛**和第 31 页**聊天室**。

这是一个开发人员的论坛，涵盖丰富的评论主题。它允许用户在已经存在的文章下添加不同类型的评论，或对其进行回复。

统一的网站主题

添加新评论的选项

消息、问题或评论的类型

可隐藏的评论主题

评论的回复被分在该评论之下

不同类型的用户使用不同的头像

直接在网站的URL上设置网络服务参数

不同类型的消息

带有表情图标的富文本消息输入

消息的HTML实时预览

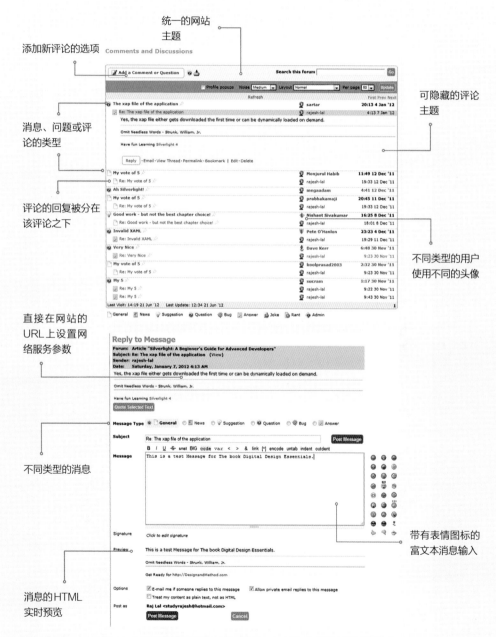

39 网站地图 Sitemap

展示一个网站的总体和层级结构的网页

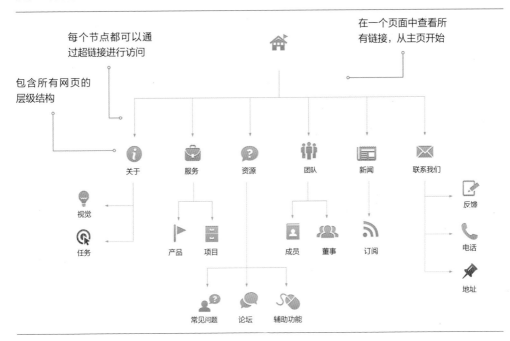

网站地图是一幅结构良好,用于展示所有可用页面的导航地图,用户能通过超链接便捷访问各个页面。无论是对于用户还是搜索引擎,它都起着索引的作用。它还列出了网站里动态生成,无法从主页直接访问的内容。

最佳设计经验与准则

- 在网站导航中保留网站地图链接。
- 按标准结构建设网站地图。
- 分层树形结构——链接从首页开始。
- 分类式——带有标题与链接的简单列表。
- 多级分类式——带有三级子分类的列表。
- 图解式——有子节点与链接,类似于流程图的结构。
- 网站地图用简单的静态 HTML 网页表现。
- 使用描述性的文字内容,提供丰富的关键词。
- 利用网站的页眉和页脚体现统一的设计风格。

- 遵循内容可达性原则。

用户体验要素

- 采用易于使用且有条理的分类,帮助用户找到所需的页面。
- 尽可能少地使用图片,避免动画、广告以及互联网应用。
- 在error404页面上提供网站地图。
- 避免为网站地图使用大页面。
- 如果你在页脚使用网站地图,确保其高度不超过页面的三分之一。

➕ 另请参阅第 46 页**无障碍网页**、第 50 页**主页**以及第 82 页**资源中心 / 帮助中心**。

Usability.com.au 和 Wblrd.sk.ca 的网站地图

Usability.com 为其站点地图使用了层级树形结构。它的主题简单，没有图片和广告条，但却提供了一个辅助访问工具。Wblrd.sk.ca 的站点地图则使用了块状分类结构，也就是简单的、基于文本的单页站点地图。

标志和顶部信息条与网站保持一致

层级列表

方便用户访问网站而提供的所有子页面清单

没有图像和广告条的简单主题

纯文本页面可及性更高

简单列表的分类视图

带有易读文本的单页视图

页脚中的网站地图链接

40 资源中心 / 帮助中心 Resource Center / Help Center
网站的参考内容，为访问者提供详细的网站信息

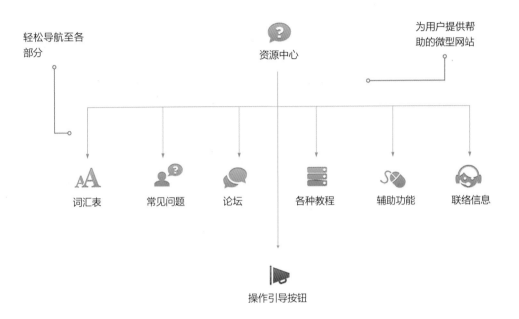

轻松导航至各部分

资源中心

为用户提供帮助的微型网站

词汇表　　　常见问题　　　论坛　　　各种教程　　　辅助功能　　　联络信息

操作引导按钮

资源中心是网站用于告知访问者关于公司、产品或服务情况的地方。它通常能解答用户遇到的常见问题，向他们提供快速信息、术语汇编和有用的下载内容。它是个非常好的工具，能提升品牌认知度和在用户心中的形象。

最佳设计经验与准则

- 布局要简单，除图标与截屏外，尽量少使用图像。
- 定期更新信息，做到动态化。
- 引导用户展开操作。
- 常见问题和词汇页面使用易于理解的标题和易于访问的链接。
- 为用户之间的互动提供论坛。
- 为用户进一步查询提供可达性指南和联系信息。

用户体验要素

- 保持资源中心的布局简单，与所有子页面的设计风格统一。
- 提供易于查找的词汇且内容详细的词汇表。
- 常见问题与术语汇编均用单页面式布局。
- 不要出现广告条。
- 在常见问题页面的顶端提供问题列表，并为每个回答建立锚链接。

（+）另请参阅第 84 页知识库（KB）、第 48 页网站和第 50 页主页。

Gbci.org 和 Ameritas Group 的资源中心

Gbci.org 的资源中心设计简洁，通过手册、指南、词汇表和其他下载资源提供相关的关键信息。Ameritas Group 有一个专门针对用户的资源中心，该资源中心与为数据开发者和数据管理者提供的资源中心有所不同，其布局非常简洁，没有任何会分散用户注意力的东西和网页广告。

A-Z的索引，通过锚点指向定义链接

简单的布局

常见问题总汇的清单页

返回资源中心的简单导航

术语表、常见问题和产品信息

最少量的图像，没有任何网页广告

41 知识库（KB） Knowledgebase
展示特定知识域相关信息的网站

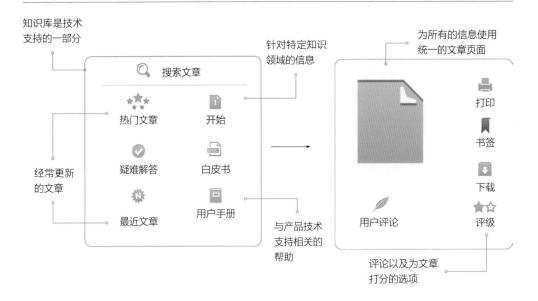

知识库是技术支持的一部分

针对特定知识领域的信息

为所有的信息使用统一的文章页面

搜索文章

热门文章　　开始

疑难解答　　白皮书

最近文章　　用户手册

经常更新的文章

与产品技术支持相关的帮助

打印

书签

下载

评级

用户评论

评论以及为文章打分的选项

知识库是适用于特定产品的自动在线支持系统。它包含有大量的文章、白皮书、疑难解答信息以及用户使用手册等内容，其目的在于通过简单的文章形式提供信息，以支撑某个产品或某项服务。知识库为特定的产品问题提供了答案。

最佳设计经验与准则

- 用信息块实现简洁的知识库主页布局。
- 避免使用太多图像、短片以及广告。
- 为更加详细的查询提供高级搜索功能。
- 为新用户开辟专区。
- 支持用户在文章页面展开互动交流、评论以及评级。
- 利用图标与样式为不同类型信息增加视觉提示。

用户体验要素

- 布局尽可能简单，将重点放在内容上。
- 为所有的文章页面使用相同的布局。
- 使用面包屑导航，便于用户返回知识库首页。
- 使用浅色背景，遵循内容的无障碍访问准则。

⊕ 另请参阅第 76 页**在线论坛**和第 82 页**资源中心 / 帮助中心**。

Netop 知识库

kb.netop.com 的知识库简单且直观。它将所有信息进行了分组，并为精选文章和最新文章设立了专区。网站的主题非常简单，色彩也不多，使用了易于阅读的 Verdana 字体。文章页面提供了标准化的打印、下载、书签、邮件和分享选项。

快速访问知识库 kb.netop.com

干净简洁的设计

快速的高级搜索

信息类别

附带阅读量和更新信息的文章

利用面包屑导航可以快速访问类别目录和返回知识库首页

显示附件的图标和文件信息

42 维基 Wiki

可以被所有互联网用户浏览和修改的网站

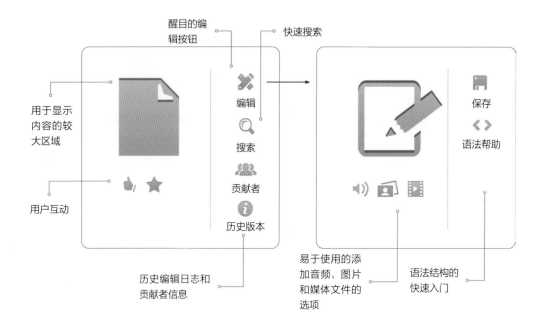

维基是一个为相互协作而创建的网站，人们聚集到这里可以汇聚信息。它是一个内容管理系统，任何人都可以创建新页面或编辑该网站的现有页面。它支持人们在同一页面上协同工作，并且不需要任何关于创建、编辑页面的特殊知识。

最佳设计经验与准则

- 页面的主要区域用来放置内容。
- 所有类别下的所有页面具有简单且统一的结构。
- 限制使用 HTML 框架、样式表和 Java 脚本。
- 避免出现 Flash、网页广告以及任何其他形式的广告。

用户体验要素

- 使用简单，基于文本的配色方案和易读的字体。
- 避免使用任何标题性图片和丰富的图形化导航控制。
- 支持纯文本编辑同时也允许使用高级的富文本格式。

⊕ 另请参阅第 76 页**在线论坛**、第 108 页**内容管理系统（CMS）**和第 84 页**知识库（KB）**。

Designandmethod.wikispaces.com

Wikispaces 是个基于维基平台的网站, 它提供了易于使用的界面。登录网站时有一个独立页面, 用户可以从这里开始编辑内容。随着用户链接更多的页面或创建新页面, 就逐渐有了初步原型。编辑页面提供了丰富的文本框控件, 方便用户创建 HTML 页面, 它还支持在网页上嵌入文件、图像和窗口小工具等。

用户讨论的注释和修订

显眼的编辑按钮

带有历史信息的快速导航

主要区域留给内容

快速搜索

富文本框控件, 带有添加链接、窗口部件或者文件的选项

用于发表意见和讨论页面内容的选项

网页产品

43 在线调查 Online Surveys

一种从网站访客中收集信息的网络工具

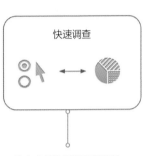

快速调查

带有多项选择题和投票结果的网络小工具

单页调查

一个调查问卷由多个选择题与一个感谢页面组成

多页调查

带有多步骤问卷进度条的网站向导

在线调查基于网络工具搜集用户数据信息。它也可以是即时投票的形式，也可以是包括有多个选择题的网络插件，或者是有多个问题页面的微型网络插件。互联网公司可以通过在线访调查的方式让用户参与到当前的事件，并听取他们的意见。

最佳设计经验与准则

- 针对即时投票：
  - 使用带有单选按钮或复选框的客观问题。
  - 在投票后显示投票结果。
  - 对选项进行随机排序，以避免出现边缘答案偏向（处于边缘的答案易于被选择）。
- 对于单页调查要有明确的指示（"完成 / 结束"按钮）。
- 针对带有进度条的多页调查：
  - 提前告知调查所需的时间。
  - 避免将大量的问题放在一个表格里。
  - 调查页面的首页要保持简洁。
  - 每一页显示相同数量的问题，并采用统一的布局。
- 对内容的设计坚持可及性原则

用户体验要素

- 把问题的长度限定在一行。
- 赋予用户选择回答或不回答主观题的权利。
- 让用户知道调查表里还有多少问题。
- 把所有内容都放在一页上显示。

⊕ 参见第 46 页**无障碍网页**和第 94 页**网络小工具**。

TrickofMind.com 和
Survey Monkey.com 的单页面在线调查

TrickofMind 通过以小工具为基本元素的调查来吸引用户参与。它使用单个问题多项选择的格式，并且显示投票结果。Survey Monkey.com 的单页调查则拥有令人愉悦的主题设计。问题之间留有合适的间距，文字也可以自由缩放。

嵌入到网页或者博客的网络插件

简单的主题和统一的布局

一个问题，多个选项

在结果页面中以条形图显示投票统计结果

不做选择直接查看结果选项

投票按钮将游客带到结果页面

只有两种颜色的布局

临时退出选项

可读性强的文本，具有良好对比效果和白色背景的简单主题

完成按钮表明调查结束，并把用户带到致谢页

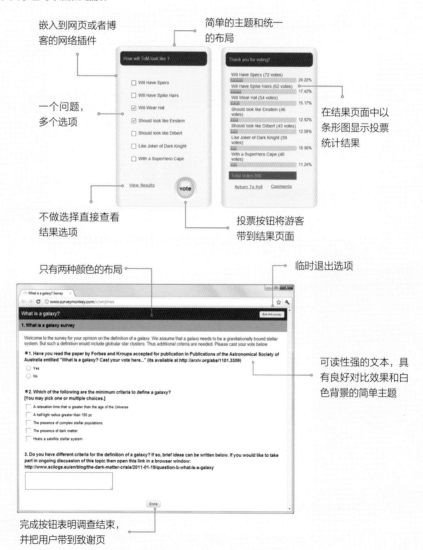

网页产品

44 评分程序 Rating App
对产品进行在线评分或投票的程序

用户为产品评分

向用户发送最终的评分结果

利用 Ajax 技术更新数据库

DB

服务器端的程序更新评分统计数据

　　评分系统可以让用户对产品质量展开评价, 它从现有的客户反馈信息用于改进产品, 同时也能为潜在消费者提供重要信息。五星评分系统最为常见, 用户可以通过给出 1~5 颗星来体现对评价对象的满意度, 一般 1 颗星表示最不满意, 5 颗星表示最满意。

最佳设计经验与准则

- 评分系统的三种不同状态:
  - 当前状态, 已有的评分结果。
  - 激活状态, 用户选择星标进行评分时的状态。
  - 评分后状态, 用户对产品评分后的状态。
- 把评分系统无缝地集成到网站中, 占用最少的空间。
- 利用 Ajax (不需要刷新页面) 在后台计算评分结果。
- 通过设计鼓励用户进行评分, 保证评分系统的易用性。

用户体验要素

- 在用户评分时和评分后显示评分系统的状态。
- 用图形 (柱状图) 显示所有类型的评分结果。

⊕ 参见第 94 页**网络小工具**和第 110 页**基于 Ajax 技术的网络应用程序**。

AddRating.com 和 Fendi.com

AddRating.com 网站提供了一个可以嵌入到任何网站的用户评分工具。该工具有三种状态：当前评分结果、激活状态（用于评分的"星"在鼠标悬停时变成红色）以及用户进行评分之后的状态。而 Fendi.com 则在网站中内嵌了一个独特的、不可见的评分系统。它只显示 AM♥R（AM Lover）的数量，也就是喜欢某个特定对象或为其点击 AM♥R 的人数。评分过程将在网站后台流畅地进行，然后最终的评分被重新刷新。

评分系统显示
当前的评分

评分板显示所有类型
评分的统计结果

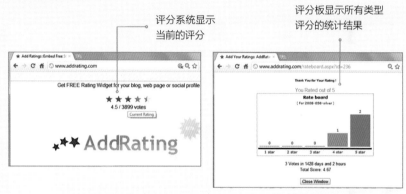

Fendi.com 中简洁且
独特的评分系统

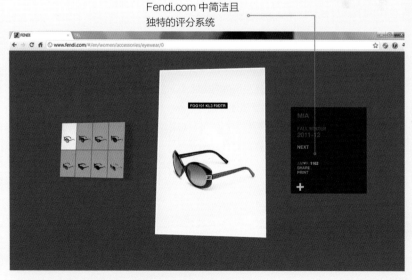

45 富互联网应用程序（RIA）Rich Internet Application

能提供形式丰富、类似于桌面系统体验的网络应用程序

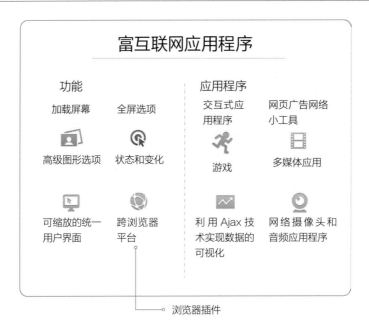

富互联网应用程序

功能

加载屏幕　　全屏选项

高级图形选项　状态和变化

可缩放的统一　跨浏览器
用户界面　　　平台

应用程序

交互式应　网页广告网络
用程序　　小工具

游戏　　　多媒体应用

利用 Ajax 技　网络摄像头和
术实现数据的　音频应用程序
可视化

浏览器插件

RIA 能为网页实现交互动作，提供独特且颇具吸引力的功能，并且能保证在多个浏览器上显示出统一的 UI 界面。RIA 的用法通常有两种：要么作为网页上提供丰富功能的独立系统；要么整个网页用 RIA 开发。它使用了可缩放的矢量图形、GPU 加速动画、三维图形、多媒体和 Ajax 技术。RIA 几乎主宰了在线游戏程序，同时也可以用来创建网络插件、网页广告（banner ads）、高端媒体播放器以及基于 Ajax 技术、带有复杂效果的数据显示方案。

最佳设计经验与准则

- 加载 RIA 时显示进度条。
- 确保 RIA 应用程序在不同的浏览器和平台上都有固定的尺寸。
- 使用渐变、透明效果以及高质量图像。
- 注意 RIA 还应该具备全屏选项。

用户体验要素

- RIA 应该使用高质量的图像和流畅的动画。
- 用 RIA 显示具有良好动态效果以及交互功能的数据。
- 提供视觉效果丰富的用户界面，根据用户行为的变化改变界面状态。
- 使用最流行的色彩搭配和对比效果。

⊕ 参见 94 页**网络小工具**，24 页**媒体播放器**，以及 98 页**网页广告**。

Gotmilk.com 利用微软的 Silverlight 技术全屏显示 RIA 应用程序，该程序使用了高质量的图像。加载页面上有一个非常棒的交互程序，只要加载 RIA 之后，整洁的页面设计加上页面状态的细微变化，就能营造出身临其境的体验。

丰富的矢量图形能够随着浏览器尺寸的变化而放大或缩小，图片质量没有任何损失

用进度条显示加载状态

丰富的状态变化和视觉效果

专业的富图形和动画设计

随页面状态变化出现的交互选项

46 网络小工具 Web Widget

能够嵌入到网站、博客和社交媒体中的网络应用程序

网络小工具的关键要素

具有单一目
标的微型公
用程序

可以用调色板
自定义的布局

共享代码和
传播病毒

网络小工具属于小型应用程序, 它能为网页增加其他附属功能。它可以是访客计数器、时钟、日历, 也可以是向用户推送特定内容之类简单的功能。用户可以访问提供小工具的网站, 在自定义小工具的过程中生成 HTML 代码, 然后通过代码把小工具嵌入到自己的网站中。

最佳设计经验与准则

- 保证小工具有良好的视觉吸引力和易用性。
- 通过四个步骤自定义小工具:
  - 通过验证用户 ID 个性化定制任务导向。
  - 自定义小工具的外观布局、配色和字体。
  - 预览小工具, 显示新的自定义小工具。
  - 发布生成的代码, 用户就可以将其引入到自己的网页中。
- 有效地利用空间, 不要显示太多的数据。
- 尽可能少地使用标记, 不要出现网页广告。

用户体验要素

- 一个小工具聚焦于一项功能。
- 利用默认布局和数据明确地表示小工具的功能。
- 设定合理的默认值, 使用户能够很快地使用小工具。
- 通过统一的、无边界的设计使其所有网页完美结合。
- 在使用小工具时, 避免要求用户登录、注册或填写 email 地址。
- 通过社交媒体共享各种插件, 支持在线共享和书签功能。
- 允许用户对默认尺寸进行自定义, 使其与侧边导航栏的大小相匹配。

⊕ 参见第 26 页桌面小工具 / 小配件。

用户可以通过 Flickr Badge 把自己的相册嵌入到网页中。自定义该工具的过程非常简单，逐步操作就能够生成可以嵌入到所有网页中的 HTML 代码。

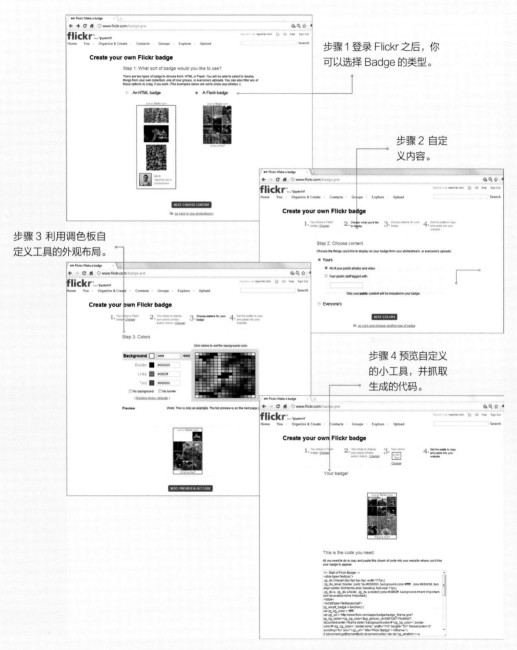

步骤1登录 Flickr 之后，你可以选择 Badge 的类型。

步骤2自定义内容。

步骤3利用调色板自定义工具的外观布局。

步骤4预览自定义的小工具，并抓取生成的代码。

47 书籍内容预览工具 Book Widget

书籍内容预览工具允许用户在购买之前预先浏览部分内容

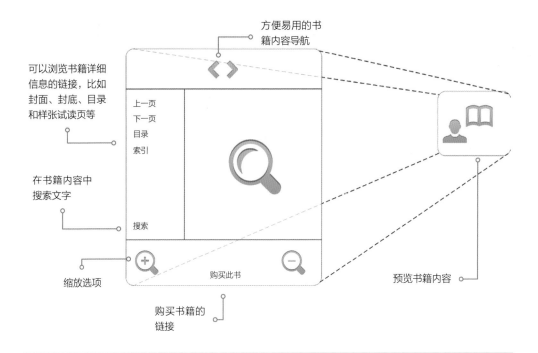

方便易用的书籍内容导航

可以浏览书籍详细信息的链接，比如封面、封底、目录和样张试读页等

上一页
下一页
目录
索引

存书籍内容中搜索文字

搜索

缩放选项

购买此书

购买书籍的链接

预览书籍内容

　　书籍内容预览工具为在线用户实现了类似于在实体书店中浏览书籍的体验。用户可以查看书籍的封面、封底、目录、试读页、内容索引等，还可以在书中查找特定的内容。

最佳设计经验与准则

- 为可预览的书籍页面提供易于用户访问的入口和导航。
- 利用"上一页"和"下一页"按钮实现对书籍页面的简易操作。
- 提供带有放大和缩小功能的全屏浏览方式。
- 提供在书中搜索关键字的功能。
- 提供购买书籍的选项。

用户体验要素

- 通过页面切换动画实现迅速翻页。
- 可预览的内容越多，对用户来说越有用。
- 迅速加载书籍内容。

⊕ 参见 94 页**网络小工具**和 26 页**桌面小工具 / 小配件**。

Barnes and Noble 和 Google Book

Barnes and Noble 的界面简单易用，在页面顶端的中间提供了导航和缩放选项。它还在下方给出了缩略图，为导航提供了使用情境。而 Google book 插件的界面更简洁，只有在用户点击了页面顶端的内容链接之后，它才显示可读页面的列表。以上两者都提供了针对特定关键词的搜索功能。

带有缩放选项、易于使用的导航

购买选项

可预览内容的列表

书籍的基本信息

大片区域用来预览书籍内容

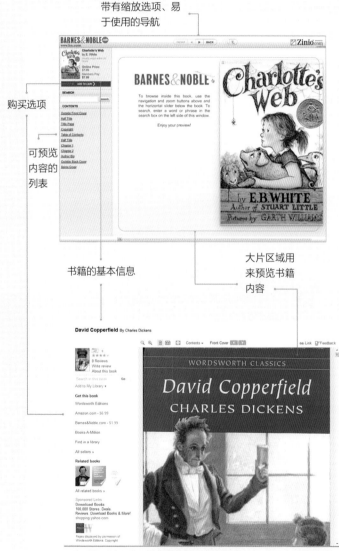

48 网页广告 Banner Ad

网页广告是在网络上插入广告的图像插件

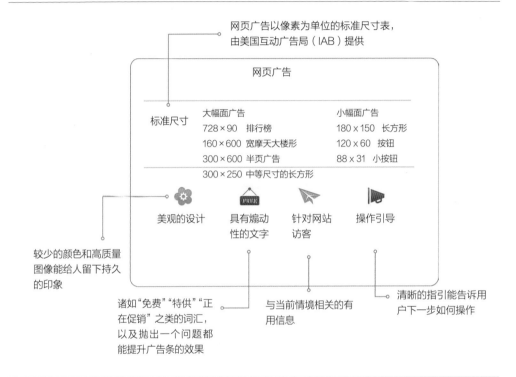

网页广告以像素为单位的标准尺寸表，由美国互动广告局（IAB）提供

网页广告

标准尺寸	大幅面广告	小幅面广告
	728×90 排行榜	180×150 长方形
	160×600 宽摩天大楼形	120×60 按钮
	300×600 半页广告	88×31 小按钮
	300×250 中等尺寸的长方形	

美观的设计　　具有煽动性的文字　　针对网站访客　　操作引导

较少的颜色和高质量图像能给人留下持久的印象

诸如"免费""特供""正在促销"之类的词汇，以及抛出一个问题都能提升广告条的效果

与当前情境相关的有用信息

清晰的指引能告诉用户下一步如何操作

　　网页广告是意图增加网站流量的特殊网页控件类型。一般情况下都采用较大长宽比的幅面（很宽或很高），包含丰富的图形、动画，有时还插入一些音频、视频和交互元素。简单的网页广告可以是三张轮转图像的组合。

最佳设计经验与准则

- 充分利用丰富的图形和动态内容，如一个网页广告可以播放不同的广告。
- 在网页广告中显示出明显的品牌识别元素和引导操作的元素。
- 在网页广告里使用 URL。
- 对于旋转式网页广告，数量保持在 3 ~ 5 个框架之内。

- 大广告不超过 40KB，小广告 10KB~20KB。
- 建议动画时间是 15 秒。

用户体验要素

- 避免华而不实的内容、不稳定的动画和过度明亮的色彩。
- 在使用媒体内容时，让用户可以控制音频和视频的开始播放与停止。
- 在广告中不要使用太多的语言（7 个单词是最合适的）。

⊕ 参见 92 页**富互联网应用程序**和 94 页**网络小工具**。

IAB网站的设计和配色都非常专业，它可以用一个问题抓住用户的眼球，还做出明显的操作引导。

在美国互动广告局网站上
专业、无缝的网页广告

网页广告只使用两种颜色——蓝色和橙色；专业、极具美感的设计

Smartbrief Jobs 的三种横幅网络广告

网页广告用粗体形式的问题来吸引注意力

有用的信息使用户产生兴趣并受益

与网站访客相关的情境

简单的操作引导

49 网页幻灯片演示 Web Slideshow

按照预定义顺序展示一系列选定的图像或幻灯片的应用程序

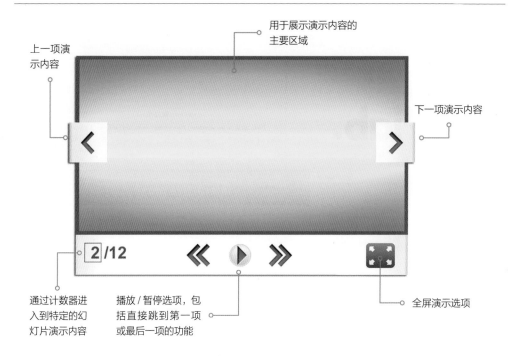

用于展示演示内容的主要区域

上一项演示内容

下一项演示内容

2/12

全屏演示选项

通过计数器进入到特定的幻灯片演示内容

播放／暂停选项，包括直接跳到第一项或最后一项的功能

基于网页的幻灯片演示是用富互联网应用程序技术创建的，此类技术包括 Adobe Flash 和 Microsoft Silverlight，此外还有标准的网络技术，如 HTML、CSS 和 java 脚本等。基础型的幻灯片是可定制的旋转图片集合，高级的网页幻灯片则可以把 PowerPoint、Keynote 或 PDF 之类桌面演示内容转换成格式化的幻灯片应用程序。

最佳设计经验与准则

- 支持用户控制幻灯演示程序。
- 把导航控件布局在幻灯片内容之外的区域。
- 把幻灯片控制按钮设计得易于操作。
- 流畅的幻灯片切换效果。
- 为图片／媒体的幻灯演示提供缩略图。

用户体验要素

- 如果幻灯演示内容超过 4 项，提供演示内容总数和直接跳到某项内容的操作方式。
- 针对图片幻灯片使用半透明的、引人注目的 UI 控件。
- 为切换下一项演示内容提供视觉反馈。
- 支持自动播放下一项演示内容，持续时间可以设定为 3 秒或更长。

⊕ 另请参阅第 94 页**网络小工具**、第 24 页**媒体播放器**和第 92 页**富互联网应用程序（RIA）**。

Silverlight 的幻灯演示插件和 Flickr Badge

Silverlight 的幻灯演示插件允许用
户自行添加图像，而 Flickr badge 则以
全屏方式显示用户相册内容。

可自定义尺寸和
幻灯片演示张数
的基本型幻灯演
示插件

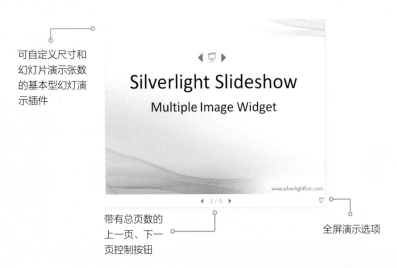

带有总页数的
上一页、下一
页控制按钮

全屏演示选项

FLICKR 中
的 HTML 照
片幻灯片

上一页、下一页
按钮

播放 / 暂停按钮

缩略图列表预览

全屏演示按钮

50 HTML5APP_{HTML5 App}

使用最新的网页技术让网页拥有 APP 般的使用体验

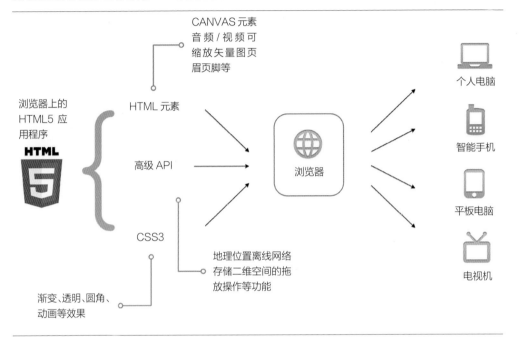

网络 App 使用高级 HTML5 技术创建网络游戏、图形工具、富互联网应用程序或媒体应用程序。HTML5 提供了一系列新的 HTML 元素和高级 API，支持最新的 CSS3 图形和动画。它还支持多种浏览器和设备，比如手机、平板电脑、个人电脑和电视等。

最佳设计经验与准则

- 在单个页面内完成应用程序的布局。
- 了解相关目标设备的设计约束：
  - 屏幕尺寸：手机，2～4 英寸；平板电脑，7～14 英寸；桌面电脑，14～27 英寸；电视机，25～65 英寸。
  - 观看距离：手机，1 英尺；平板电脑，1 英尺；台式电脑，2 英尺；电视机，10 英尺。
  - 连接方式：手机，3G；平板电脑，WIFI；电脑，局域网；电视机，局域网。
  - 可靠性：手机，连接不稳定；平板电脑，依赖 WIFI 连接；PC 机，可靠的有线连接；电视，快速连接。
  - 输入：手机，手指；平板电脑，触控；电脑，鼠标和键盘；电视，遥控器。
- 探测目标设备，使布局适应设备要求。
- 使用音频/视频元素，把FLASH作为后备选项。

用户体验要素

- 用简约的设计确保可以跨平台使用。
- 使用先进的 SVG 图形技术。
- 对不支持的浏览器要适当地降低性能（使用不同的方案）。
- 使用单栏版式支持移动设备浏览。

（+）另请参阅第 125 页**移动网络 App** 和第 92 页**富互联网应用程序（RIA）**。

www.apple.com/html5/showcase/typography 的在线字体创作示例

typography 展示了 HTML5 的一些高级功能。它使用 HTML 元素组织用户界面，用 CSS3 的 @font-face 模块动态渲染用户自定义的字体。Tetrole（http://ole.im/tetris）是一款基于 HTML5 技术的在线俄罗斯方块游戏，它采用 HTML5 的 canvas 元素来呈现游戏中的方块和动画，用 CSS3 定义色彩样式，用先进的本地储存 API 保存游戏得分。

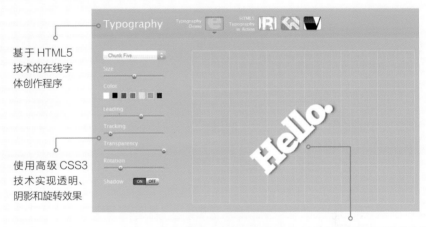

基于 HTML5 技术的在线字体创作程序

使用高级 CSS3 技术实现透明、阴影和旋转效果

用 HTML Canvas 元素创建动画

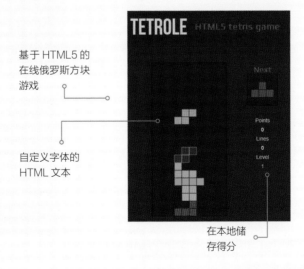

基于 HTML5 的在线俄罗斯方块游戏

自定义字体的 HTML 文本

在本地储存得分

103

51 可缩放用户界面 (ZUI) Zooming User Interface

利用缩放功能进行交互的界面

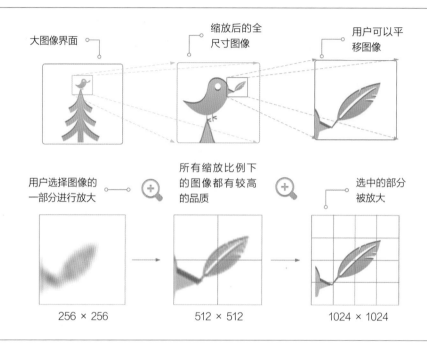

| 大图像界面 | 缩放后的全尺寸图像 | 用户可以平移图像 |

| 用户选择图像的一部分进行放大 | 所有缩放比例下的图像都有较高的品质 | 选中的部分被放大 |

256 × 256　　　512 × 512　　　1024 × 1024

可缩放用户界面允许使用者通过放大或缩小图像查看细节或总览全局。用户可以在虚拟的视图上沿两个方向移动图像，也可以根据自己的兴趣放大观察特定的元素。当你放大时，物体将变得越来越清晰，起初是小尺寸的缩略图，随着放大过程的展开，将呈现原尺寸大小的元素，最终显示出高品质的视图。

最佳设计经验与准则

- 提供反应灵敏的用户界面。
- 在用户界面中显示不显眼的控制项：
    - 放大和缩小的界面。
    - 通过拖动操作平移整个界面。
    - 提供全屏和返回初始大小的选项。
- 允许用户通过滚动鼠标来放大或缩小，移动鼠标进行平移页面。
- 提供设置缩放等级的选项。

用户体验要素

- 为放大和缩小视图提供平滑的过渡效果。
- 使用半透明按钮。
- 先用默认的屏幕缩放级别预览大图片。

⊕ 另请参阅第 28 页**仪表盘 / 记分卡**和第 92 页**富互联网应用程序（RIA）**。

Silverlight 的深度缩放功能

Silverlight 使用可缩放用户界面来平移尺寸非常大的高品质图像。tinyurl.com/DeepZoomSingleImage 就有一张可以缩放到指定位置的地图。

tinyurl.com/DeepZoomMultipleImage 显示了一系列连接在一起的图像。每一个单独的图像都可以进行放大，以便用户进一步展开互动和获得信息。

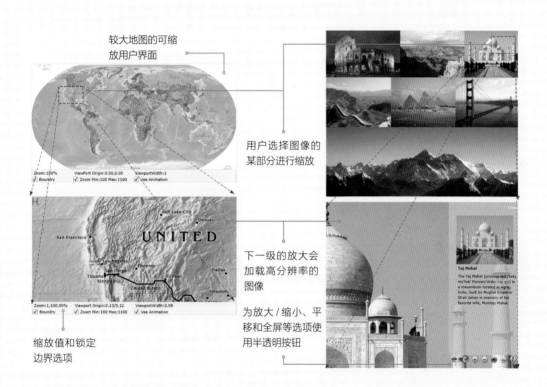

较大地图的可缩放用户界面

用户选择图像的某部分进行缩放

下一级的放大会加载高分辨率的图像

为放大 / 缩小、平移和全屏等选项使用半透明按钮

缩放值和锁定边界选项

52 **任务跟踪系统** Task Tracking System

用于在项目中管理团队工作的在线应用程序

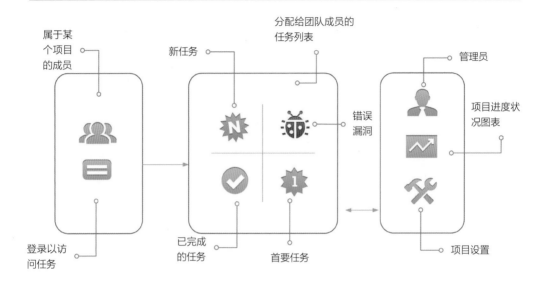

属于某个项目的成员

新任务

分配给团队成员的任务列表

管理员

项目进度状况图表

错误漏洞

登录以访问任务

已完成的任务

首要任务

项目设置

任务跟踪系统（也称为项目管理系统）是一个在线系统，它提供一种简单明了的方法，可以使分隔两地的团队相互协作完成一项任务。用户可以通过它预估、规划、组织和管理特定任务的相关资源。

最佳设计经验与准则

- 为每个用户提供关于项目的个性化视图。
- 为用户分配单独的信息列表，提供各种类型的事项、错误和特征。
- 只显示与特定用户相关的信息，并支持筛选和排序。
- 为项目、任务、时间表以及报告提供基于标签的界面。
- 为项目成员和管理者提供带有不同服务的登录机制。
- 支持对数据进行过滤和排序操作。

用户体验要素

- 优化显示方案，提供尽可能多的信息。
- 保持用户界面简洁且易于使用。
- 主题和样式极尽简约，注重数据。
- 使用标准的信息显示面板，在单页内完成项目设置。
- 为不同类型的数据（比如错误、功能、优先级和评级）使用标准化图标。
- 用易于理解的用户界面来鼓励项目成员展开合作。

⊕ 另请参阅第 76 页**在线论坛**和第 31 页**聊天室**。

案例研究

Protrackonline.com

这是个任务跟踪系统,团队成员和管理员需要通过网络进行登录。团队成员可以查看与项目相关的多种任务,添加注释 / 文件到每个任务,也可以把分配给自己的任务的状态更改为已完成。

用户登录可以访问任务务,管理员登录可以访问全局项目设置

管理员可以创建或编辑项目

为每一个任务设置状态类型

能够添加 / 删除团队成员

根据任务类型和用户筛选任务列表

根据用户和项目对任务进行排序

能够对各列显示的内容进行筛选

与项目相关的任务类型

53 内容管理系统（CMS）Content Management System

基于网页的、用于创建、编辑或发布网络内容的系统

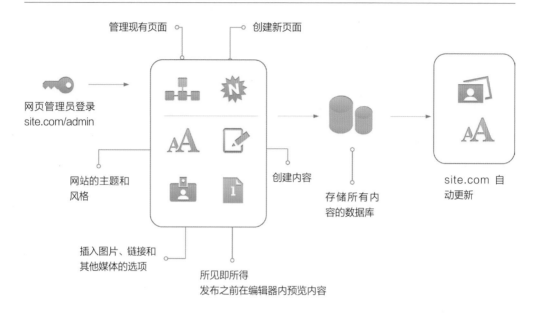

管理现有页面　创建新页面

网页管理员登录
site.com/admin

网站的主题和
风格

插入图片、链接和
其他媒体的选项

创建内容

所见即所得
发布之前在编辑器内预览内容

存储所有内
容的数据库

site.com 自
动更新

内容管理系统（CMS）允许网站管理员在不了解内容发布技术的前提下就能管理网站内容。它提供了一个方便用户的方法来登录管理系统并进行内容管理，比如编辑文本、添加图像、上传文件、插入链接和添加新页面等。

最佳设计经验与准则

- 提供简单并基于网页的访问方式。
- 提供灵活的内容编辑方式和简单的工作流程来发布内容。
- 可以自定义网站主题、背景和风格。
- 允许管理者改变网站主题和风格。
- 用所见即所得的编辑器来预览更改的内容。

用户体验要素

- 提供用来管理所有页面和内容的操作面板。
- 为创建和管理内容提供易于使用的界面。
- 支持在发布之前预览内容。
- 允许快速发布和定时发布。

（+）另请参阅第 60 页 **WordPress 主题**、第 86 页**维基**以及第 28 页**仪表盘 / 记分卡**。

Silverlightfun.com 的
WordPress 内容管理系统

WordPress 提供了一个便捷的内容发布方式，它还能帮助用户很容易地管理内容。它利用了开源的 MySQL 数据库来储存和检索内容。

用于管理内容的
操作面板

为博客快速创建
内容

允许用户定制
网站的主题和
布局

针对高级用户的
HTML 选项

立即发布或者定时
发布选项

插入图片和
其他文件的
选项

所见即所得
的内容预览
编辑器

允许对内
容分类

54 基于 Ajax 技术的网络应用程序 Ajax Web Application

一种在客户端网页使用 Ajax 技术的及时响应式网络应用程序

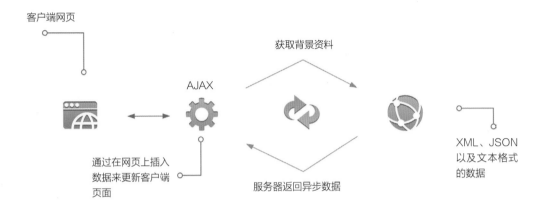

客户端网页

AJAX

获取背景资料

通过在网页上插入
数据来更新客户端
页面

服务器返回异步数据

XML、JSON
以及文本格式
的数据

基于 Ajax 的网络应用程序使用了 Ajax 技术，该技术能构建响应更及时的网站，还能营造出桌面应用程序的感觉。这类应用程序创建了富客户端界面，能够在后台连接服务器，进而获得数据，更新页面。服务器将解析和渲染之后的文本 /XML 数据返回到网页上。

最佳设计经验与准则

- 支持用户触发 Ajax 技术。
- 通过以下三个步骤构建用户界面：
  - 在启用 Ajax 之前显示用户界面。
  - 构建表示用户请求数据的状态，保持用户界面随时响应操作。
  - 显示数据更新后的用户界面。
- 启动后台进程时告知用户。
- 为后台进程使用类似于进度条和加载动画的指示器。
- 寻找新的导航方式：浏览器的导航操作不能应用于 Ajax 的更新。

用户体验要素

- 不需要重新加载页面就能实现电脑桌面般的使用体验。
- 清晰明确地说明服务器的呼叫和更新状态，这一点非常重要。

⊕ 另请参阅第 94 页**网络小工具**、第 90 页**评分程序**和第 92 页**富互联网应用程序（RIA）**。

Highcharts.com 和 Linkdln

Highcharts.com 利用 Ajax 技术，通过远程数据动态地生成图表，然后从服务器获取异步数据并渲染出漂亮的图表。Linkdln 则使用 Ajax 技术来创建用户配置文件控件。当鼠标处于悬停状态时，Ajax 会触发后台进程，此时将会显示加载动画，随后客户端将更新用户配置文件。

谷歌分析工具异步加载和渲染的数据

动态创建的内容

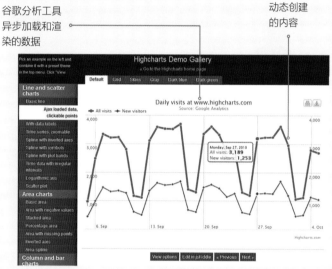

LinkedIn 的个人资料控件使用了 Ajax 技术

触发启动 Ajax 技术的界面

在调用 Ajax 技术的过程中，加载 GIF 来显示当前状态

数据从服务器返回并以弹出页面的形式呈现出来

调用 Ajax 技术之后的用户界面

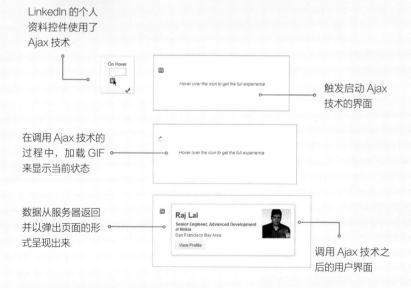

55 社交网络设计 Social Design

为社交而设计的网络应用程序

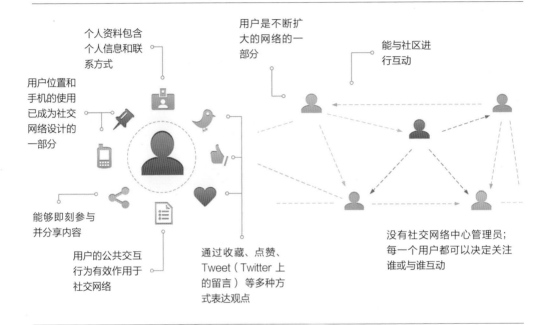

个人资料包含个人信息和联系方式

用户是不断扩大的网络的一部分

能与社区进行互动

用户位置和手机的使用已成为社交网络设计的一部分

能够即刻参与并分享内容

用户的公共交互行为有效作用于社交网络

通过收藏、点赞、Tweet（Twitter 上的留言）等多种方式表达观点

没有社交网络中心管理员；每一个用户都可以决定关注谁或与谁互动

社交网络设计是网络应用程序的一种设计方式，它把社交功能放在界面的核心位置。它鼓励用户相互对话，推动社区的发展，还使用户体验到归属感。社交网络设计在 WEB2.0 网站中相当流行。

最佳设计经验与准则

· 围绕用户之间的互动创建充满活力的社区。
· 允许用户查找和联系现有通讯录中的联系人和新朋友。
· 用户可以自定义内容详细的个人资料页。
· 向参与的用户显示实时的内容更新。
· 根据用户的位置和选择对用户进行分组，允许用户在网上建立私人团体和公众团体。

用户体验要素

· 根据用户所处位置提供交互内容。
· 支持用户轻松容易地从手机访问社交网络。
· 允许在网络上即刻分享内容。
· 用私人邮箱以外的方式让群体之间的交流更加便利。

⊕ 另请参阅第 116 页 **WEB2.0 用户界面设计**、第 74 页**用户个人资料**和第 76 页**在线论坛**。

Stackoverflow.com

Stackoverflow.com 是一个面向程序员的关于编辑问题和寻求解答的网站。它凭借实时更新的有趣内容瞬间抓住程序员的注意力。

为参与的用户推广有趣的内容

实时更新的内容

游客无需注册就可以方便地参与社区交流

及时分享内容的选项

拥有虚拟人物形象、个人网站和详细介绍的个人资料页

名誉用来显示用户的知名度

在个人资料页显示用户活动记录

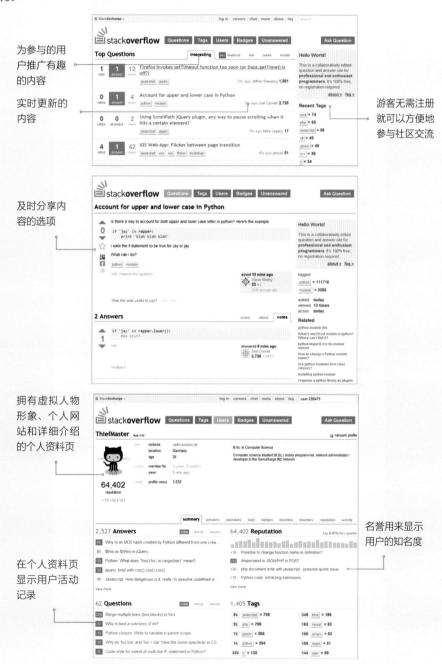

56 搜索引擎优化（SEO）网页 Search Engine Optimized Web Page

为了获得更好的搜索引擎排名而设计的网页界面

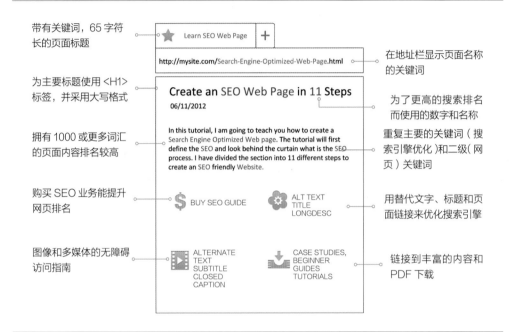

带有关键词，65 字符长的页面标题

为主要标题使用 <H1> 标签，并采用大写格式

拥有 1000 或更多词汇的页面内容排名较高

购买 SEO 业务能提升网页排名

图像和多媒体的无障碍访问指南

在地址栏显示页面名称的关键词

为了更高的搜索排名而使用的数字和名称

重复主要的关键词（搜索引擎优化）和二级（网页）关键词

用替代文字、标题和页面链接来优化搜索引擎

链接到丰富的内容和 PDF 下载

如果你想让网页在互联网上被更多的人找到，搜索引擎优化就是关键所在。你需要在设计网页时遵从一系列的搜索引擎优化步骤，这样才能在搜索引擎中提高排名。

最佳设计经验与准则

- 在 URL 前端带有最重要的关键词。
- 找出网页的一级和二级关键词并将它们使用在内容中。
- 使用标题标签和大写来强调标题。
- 分层级组织内容，使用易读的文字。
- 遵循文字、链接、图像和多媒体等内容的无障碍访问指南。

用户体验要素

- 采用独特的网页标题、内容和组织架构来创造更靠前的访问排名。
- 通过加入商务要素提升排名。
- 通过提供案例分析和教程下载获得更多访问量。
- 为多媒体和说明添加可选择性的文字。

⊕ 另请参阅第 50 页**主页**和第 54 页**单页网站**。

Silverlightfun.com 的图书推广系统

该网站遵循 SEO 设计原则。名称和网站元信息包含有与 Silverlight 技术相关的关键词。

65 字符长的标题独特的标题和明确的信息有利于提升搜索引擎排名

作为最重要的文本，采用 <H1> 标签的一级标题使用大写字母

为媒体和图像文件提供适当的提示字符有利于 SEO 排名

独特的标题和特定的话题增加了网站在搜索引擎排名中的重要性

使用 <H2> 标签的次重要二级标题

指导新手的 PDF 下载链接

购买选项为页面加入了电子商务元素，同时提升了网站的排名

超过 1000 个词汇，带有关键词的文本提高了网站排名

57 WEB 2.0 用户界面设计 Web 2.0 User Interface Design

充满活力的网页元素设计

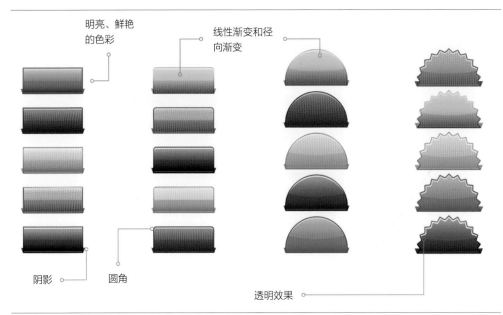

随着下一代网络服务的出现, WEB2.0 应运而生, 其核心是基于网页的 API、集体智慧、用户生成内容、书签、标签等。WEB2.0 也用来表示一种独特的网站设计风格。定义 WEB2.0 风格的网站主要包括 Flickr、Blogger、Last.fm、StumbleUpon 和 Vimeo。这些网站的特点是色彩鲜明、高级的透明图层、渐变、光晕以及阴影。

最佳实践与设计指南

- 使用鲜艳的色彩和高级图形效果, 包括:
  - 透明度
  - 阴影
  - 光晕
  - 圆角
- 使用较大的 UI 元素, 以实现更好的交互。
- 使用大于正常尺寸的 UI 元素使其脱颖而出。
- 使用带有透明效果的高级 PNG 图像。
- 为鼠标悬停添加图形效果, 使交互元素具有互动性。

用户体验要素

- 使用图形丰富的背景壁纸。
- 使用鲜艳的色彩。
- 确保网站的主题设计与 WEB2.0 一致。
- 需要注意的是, WEB2.0 主题在社交网站中更为流行。

⊕ 另请参阅第 92 页**富互联网应用程序 (RIA)**、第 50 页**主页**和第 112 页**社交网络设计**。

AddRating 控件使用了色彩明艳，带有阴影效果的 WEB2.0 标志。此处的屏幕截图示例显示了 WEB2.0 风格的网页元素，包括登录框、电子报订阅框、每周投票等。网站的配色鲜艳夺目，交互元素使用了透明的 PNG 图像和阴影效果。

色彩明艳的 WEB2.0 标志

测试版，服务可能会有所变更

标志的阴影

圆角

Subscribe to our Newsletter

Get Newsletter in the Email

subscribe now

Subscribe

Sign In

Login

username

password

Submit

鲜艳的色彩

渐变和阴影

User Votes

Question for our visitors ?

112 votes
82 votes
65 votes
32 votes

Weekly Poll

Do you have a question for our visitors ?

▷ Yes, most definitely

▷ Probably

▷ No, I doubt It

▷ I don't know

透明边缘

58 面向服务的架构 (SOA) 设计 Service-Oriented Architecture Design

以服务的形式托管在网页上的应用程序

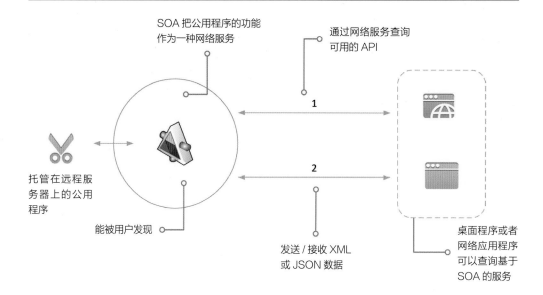

SOA 把公用程序的功能作为一种网络服务

通过网络服务查询可用的 API

1

2

托管在远程服务器上的公用程序

能被用户发现

发送 / 接收 XML 或 JSON 数据

桌面程序或者网络应用程序可以查询基于 SOA 的服务

面向服务的架构（SOA）是基于网络的公用程序，被其他桌面和网络应用程序使用。它是一项在线服务，用户可以通过桌面软件、网络或移动应用程序查询特定的功能，或定期更新的信息，比如天气、股票价格等。

最佳实践与设计指南

- 在简洁的用户界面上清晰地定义所提供的服务。
- 在托管服务的网页中使用中性主题。
- 为网络服务提供的所有的 API 建立详细的帮助页面。
- 在网络服务页面上提供基本的定义和选项。
- 支持在网络上对表单进行测试。
- 通过向网络服务的 URL 传递参数的方式访问服务。
- 用 XML、JSON 或 XHTML 等形式显示服务结果。

用户体验要素

- 清晰地说明 API 的使用方式。
- 利用附带数据的表单测试样本为用户提供帮助。

⊕ 另请参阅第 48 页**网站**和第 110 页**基于 Ajax 技术的网络应用程序**。

Validator.w3.org

W3C 的标记验证器是一项用于检查网页是否符合标记标准的在线服务。它明确定义了所提供的关于网页的服务，还提供了一项基于表单的网络服务。用户在表单中输入 URL，提交之后就可以检查页面上的错误。系统对服务结果数据进行渲染之后，以 XHTML 文件的形式显示出来。

采用中性色彩主题的简约界面已然成为网络服务的标准

网络服务的简要定义

服务参数

高级选项

该网络服务直接从网址上提取参数

网络服务的结果以 XHTML 的形式显示

59 信息图设计 Infographics Design

数据的可视化呈现

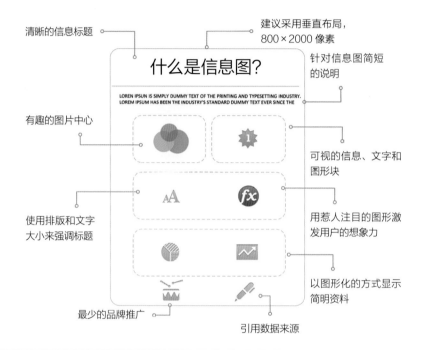

清晰的信息标题

建议采用垂直布局,800×2000 像素

什么是信息图?

针对信息图简短的说明

LOREN IPSUN IS SIMPLY DUMMY TEXT OF THE PRINTING AND TYPESETTING INDUSTRY.
LOREM IPSUM HAS BEEN THE INDUSTRY'S STANDARD DUMMY TEXT EVER SINCE THE

有趣的图片中心

可视的信息、文字和图形块

使用排版和文字大小来强调标题

用惹人注目的图形激发用户的想象力

以图形化的方式显示简明资料

最少的品牌推广

引用数据来源

信息图(information graphic)用颜色、类别、图形、插图和图表来展示数据,具有极强的视觉冲击力。它充满了娱乐性,在单页内以易于用户理解的方式,视觉化地显示了数据总览。信息图能够有效地显示信息,可以用来对比数据、显示统计结果,同时还具有趣味性。

最佳设计经验与准则

- 信息图最常用的尺寸:
  - 垂直布局 800×2000 像素,便于嵌入博客。
  - 用于海报的水平布局为 1600×1000 像素。
- 利用 2~3 种颜色和轻微的渐变效果设计主题。
- 通过字体强调重点。
- 为文本内容使用无衬线字体。
- 为所有信息块使用矢量插图和图标。

用户体验要素

- 尽量简化复杂的主题。
- 为文本和图标采用美观的配色。
- 使用清晰的图表和图形简练地显示数字。
- 以视觉化的方式展示信息,避免出现太多文字。

⊕ 另请参阅第 50 页**主页**和第 52 页**个人网站**。

Staying Young 信息图

该信息图展示了美国前十名的城市。它的标题和标语清晰明了，主图是标出了十个城市的美国地图。整个图片中的信息显示十分清晰，利用带有图标的信息块支撑主要话题。

信息图的标题

使用艺术字体强调标题

带有渐变效果的浅色背景

信息图的描述

有趣的可视化数据集合

简单的双色调将用户的注意力集中在数据上

信息图的简要资料和通过数据统计得出的前十名城市

采用简单的图标和图像

统计数据的参考来源

60 自适应用户界面 Adaptive User Interface

可以根据用户的特殊需求或特殊的使用情境进行自我调节的界面

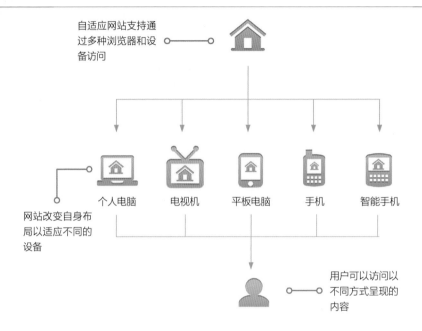

自适应网站支持通过多种浏览器和设备访问

网站改变自身布局以适应不同的设备

个人电脑　电视机　平板电脑　手机　智能手机

用户可以访问以不同方式呈现的内容

自适应用户界面会根据特定的设备、环境或用户改变界面布局。它会根据设备不同显示用户自定义的界面，提供不同的界面尺寸和浏览器功能。它能重新调整网站布局、缩放图像、重新布局菜单，以适应某一设备。

最佳设计经验与准则

- 围绕内容逐渐优化网站的开发。
- 手机环境下，屏幕尺寸为 2 ~ 4 英寸，距离使用者 1 英尺，在极容易被打断的环境中用手指输入。
- 平板电脑环境下，屏幕尺寸为 7 ~ 14 英寸，距离使用者 1 英尺，一般通过触摸输入内容。
- 电脑环境下，屏幕尺寸为 14 ~ 27 英寸，距离使用者 2 英尺，在集中精力的使用环境中，通过鼠标和键盘执行高精度的输入。
- 电视环境中，屏幕尺寸为 25 ~ 95 英寸，距离使用者 10 英尺，用户坐在舒适的座椅 / 沙发中，在

极具沉浸感的环境中使用手柄或者遥控器进行操作。

用户体验要素

- 允许通过内容实现导航。
- 可访问的导航侧边栏。
- 提供跳到菜单的选项。
- 支持从键盘访问菜单。
- 正确地嵌套标题。
- 针对内容参考无障碍访问指南。

⊕ 另请参阅第 44 页**网络用户界面（WUI）**、第 178 页 **10-Foot 用户界面**以及第 46 页**无障碍网页**。

Anderssonwise.com使用自适应
网页设计针对不同的设备和浏览器尺寸
定制网站的呈现方式。根据内容和设备
大小，网站会显示不同的图像、布局和图
片尺寸，网站采用了流动布局，能及时响
应用户的操作。

在 Windows Phone 的
浏览器中，自适应界面
以单栏的方式显示内容

为了提升加载速度，手
机上的网站没有显示高
质量的建筑背景图

在平板电脑上，该网站
变为了两行布局

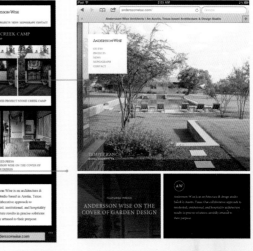

在电脑上，根据普通浏
览器的宽度，该网站将
布局转变成了两栏显
示，并提供了高品质的
图像

图像尺寸也随着布局发
生变化

61 手机 App Mobile Phone App

利用特定设备功能的移动应用程序

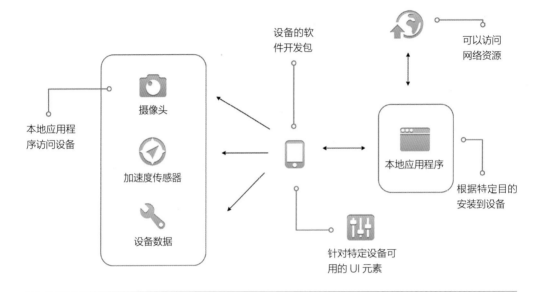

设备的软件开发包

可以访问网络资源

本地应用程序访问设备

摄像头

加速度传感器

设备数据

本地应用程序

根据特定目的安装到设备

针对特定设备可用的 UI 元素

手机 App 有可能是预先安装到手机上的（通讯录、日历、计算器、地图以及网络浏览器等），也可能是从应用发布网站如 App Store 下载并安装到手机上的。这些 App 利用了设备的某些功能，如摄像头、电话、短信、联系人，并利用了设备的 API 插件。本地的应用程序能提供离线内容，通过更卓越的性能表现给用户带来更好的使用体验。

最佳设计经验与准则

- 关注于单个定位清晰的功能。
- 使用易于识记的短标题、专业化的图标以及精确的描述。
- 尽可能地利用目标设备提升应用的可用性。
- 针对目标用户开发特定的功能，允许用户进行定制。
- 在允许的情况下给出默认设定，存储用户的使用偏好。

- 保证屏幕布局有足够的空白区域，避免屏幕界面太过拥挤。
- 谨慎配色，实现统一的视觉效果。
- 只有确实能提升软件使用价值的时候，才使用振动和其他的加速度功能。

用户体验要素

- 使得应用程序充满乐趣，并且符合用户的直觉。
- 定制设计。
- 保证应用程序可以离线运行。
- 提供明显的反馈，允许用户跳过冗长的后台处理过程。
- 通过 email 和在线链接支持用户在应用程序中给出反馈意见。
- 尝试通过共享和交互使应用程序具备社交功能。

62 移动网络 App Mobile Web App

在移动端网络浏览器上运行的网络应用程序

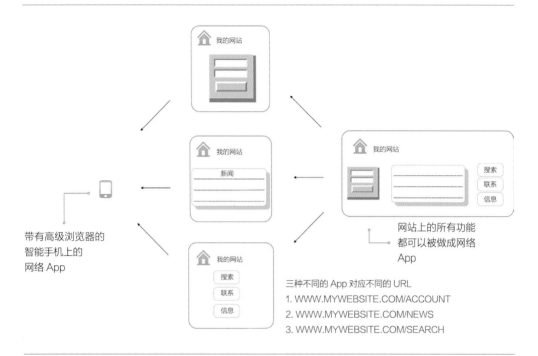

带有高级浏览器的智能手机上的网络 App

网站上的所有功能都可以被做成网络 App

三种不同的 App 对应不同的 URL
1. WWW.MYWEBSITE.COM/ACCOUNT
2. WWW.MYWEBSITE.COM/NEWS
3. WWW.MYWEBSITE.COM/SEARCH

移动网络 App（Mobile Web App，MWA）是基于 HTML5 的应用程序，其目标定位是带有高级浏览器的智能手机。MWA 利用了支持高级 API、样式和动画的 HTML5 和 CSS3 技术，这使得网络 App 拥有与本地 App 相似的外观、操作反应和功能。MWA 针对的是单功能目标，快速使用的公共程序。比如，抵押计算器、显示当前金价的应用或快速医疗救助应用。

最佳设计经验与准则

- 在单屏内显示一个信息块，避免数据过载。
- 尽可能少地让用户输入内容。
- 采用 100% 宽度，以适应不同移动设备的尺寸。
- 针对垂直滚动显示进行优化。
- 采用较大、容易触摸的按钮。
- 同时针对背景和内容的 UI 设计。

用户体验要素

- 用户希望更快的加载速度，因此要优化启动屏幕，保证所有文件都有较小的尺寸。
- 如果需要用户登录，在首次登录之后，采用自动登录的处理方式。
- 网络加载内容时，告知用户。
- 使用图片集合、内置 CSS 以及 JavaScript，以尽可能地减少服务器数据访问量。
- 利用本地存储实现有限的离线功能。
- 利用高级 CSS 3 风格、透明、过渡和动画实现更好的体验。

（+）另请参阅第 27 页**移动网站**，第 124 页**手机 App** 和第 102 页 **HTML5 App**。

63 混合模式移动 App Hybrid App

通过内嵌的浏览器技术访问网络内容的移动端 App

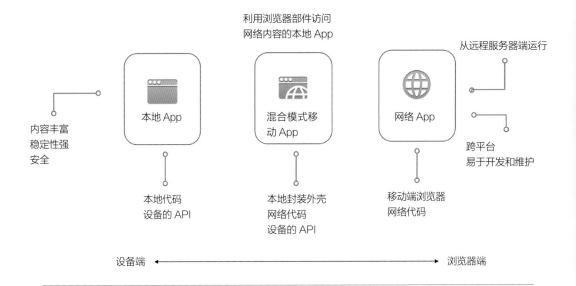

混合模式移动 App 是组装成移动 App 的网络 App。它利用内嵌的浏览器访问网络内容。对于那些读取网络内容，但需要设备读取诸如 GPS、本地缓存等信息的 App 来说，这是最理想的状态。典型的例子是专业化的医疗 App 和地图应用。

最佳设计经验与准则

- 保证混合模式移动 App 简单好用。
- 模拟本地 App 的 UI。
- 每一屏只为一个目标服务。
- 如果要显示很多内容，对其进行分类，最多不要超过 8 个分类。
- 利用本地缓存内容实现离线工作模式。
- 利用混合模式移动 App 寻找盈利机会，展开品牌推广和广告业务。

用户体验要素

- 把本地内容作为主要内容分类，通过网络访问动态内容。
- 在访问网络和地域性资源时告知用户。
- 缓存用户最近访问的内容，以备离线或网络连接状态不好的情况下使用。
- 对于付费内容，要求用户登录。

⊕ 另请参阅第 127 页**移动网站**，第 125 页**移动网络 App** 和第 26 页**桌面小工具 / 小配件**。

64 移动网站 Mobile Website

为了在移动设备端营造良好的使用体验，针对在线网站构建的缩小版本

移动网站，支持
所有移动浏览器
进行访问

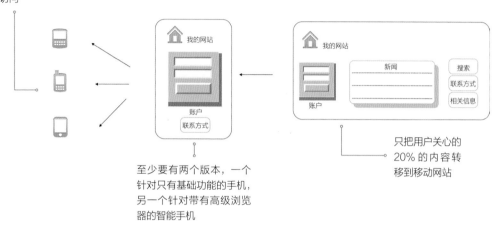

至少要有两个版本，一个
针对只有基础功能的手机，
另一个针对带有高级浏览
器的智能手机

只把用户关心的
20% 的内容转
移到移动网站

移动网站只在移动设备上提供在线网站的一些关键功能。经过设计之后，它需要在智能手机和大部分标准型手机上运行。一个移动网站可能会有多个针对标准手机和智能手机运行平台的 UI 版本。它根据手机浏览器所具备的功能显示网站的 UI，提供部分功能。

最佳设计经验与准则

- 选择在线网站 20% 的功能。
- 使用简单易用的导航，最多不超过三个层级。
- 采用单列，三行式布局。
    - 顶端用来显示通知信息。
    - 中间用来显示内容。
    - 底部区域用来输入内容。
- 支持网站的内容和背景，针对所有网络浏览器的布局进行缩放。
- 支持信息向下扩充显示，支持垂直滚动。
- 优化信息块的显示。

- 避免使用弹出窗口、鼠标悬停或者自动刷新等技术。
- 避免外部链接、框架和 Ajax 代码。
- 提供一个常规网站的链接。

用户体验要素

- 为链接和按钮使用简洁的词汇。
- 提供简单明了、焦点醒目的交互方式，尽可能减少用户输入。
- 使用较大的、易于触摸的链接和按钮。
- 保证用户可以通过手机按键和智能按键访问。
- 限制广告的数量。
- 为浏览器功能有限的手机提供纯文字版网站。

(+) 另请参阅第 125 页**移动网络 App**，第 124 页**手机 App**，以及第 26 页**桌面小工具 / 小配件**。

65 信息类 App Information App

显示来自在线服务器经常更新的数据的移动应用程序

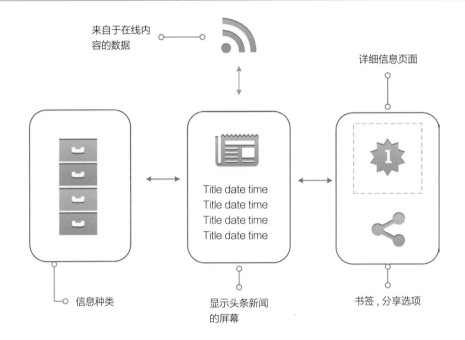

来自于在线内容的数据

详细信息页面

Title date time
Title date time
Title date time
Title date time

信息种类

显示头条新闻的屏幕

书签，分享选项

信息类 App 从频繁更新的在线资源中抽取信息，然后以用户一目了然的方式将其显示出来。此类应用程序的数据源可以是在线的 RSS 信息源，也可以是基于 XML/REST 技术的网络服务。所显示的信息可能来自博客、新闻网站甚至是社交网络的更新。常见的例子包括证券行市收报软件、RSS 阅读器、汇率转换软件或实时交通状态数据。

最佳设计经验与准则

- 经常更新主页，显示最近的信息和头条新闻。
- 保证主页信息方便阅读，一目了然。
- 对设计内容保持关注。
- 把头条新闻放在滚动条出现之前显示。
- 在可能的情况下使用图片 / 缩略图。
- 为列表所在屏幕和显示详细内容的屏幕设计简单易用的切换方式。

- 提供可以通过 email、社交网络等媒介共享信息的方法。

用户体验要素

- 避免太过花哨的屏幕设计。
- 不要把太多的内容放在一起——在单屏内完成一项任务。
- 为加载数据、无网络连接和其他警告设置提示。
- 尽可能少地出现广告。
- 支持书签功能。

另请参阅第 154 页**移动广告**和第 125 页**移动网络 App**。

NOKIA N9 手机上的 Associated Press News App

针对NOKIA N9 手机的 Associated Press News App 拥有简单且行之有效的用户界面。默认屏幕上显示的是可供用户选择的涵盖多个话题的分类页面。一旦用户选择了某个话题，那么就会进入带有缩略图的头条新闻页面。

缩略图和没有被分割线分开的新闻摘要

用作品牌推广的小型标志

头条新闻是一个特殊的分类

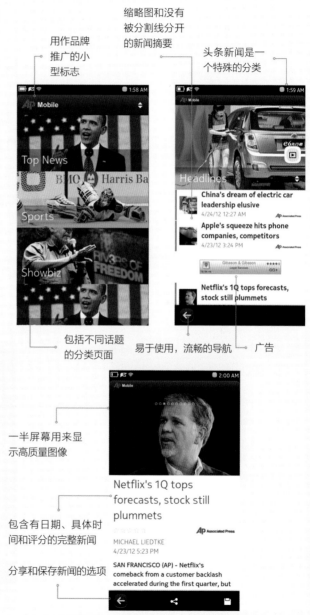

包括不同话题的分类页面

易于使用，流畅的导航

广告

一半屏幕用来显示高质量图像

包含有日期、具体时间和评分的完整新闻

分享和保存新闻的选项

66 移动平台的功能型 App Mobile Utility App

用以完成简单的、与设备相关任务的移动应用程序

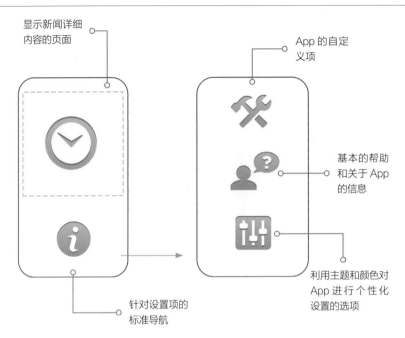

显示新闻详细内容的页面

App 的自定义项

基本的帮助和关于 App 的信息

针对设置项的标准导航

利用主题和颜色对 App 进行个性化设置的选项

功能型 App 用来快速访问一些经常需要使用的功能, 如电池信息、时钟、计算器等。它利用设备的 API 来访问移动设备的操作系统和硬件的高级功能。

最佳设计经验与准则

- 保证 App 的简洁性, 关注于单一任务的执行。
- 允许用户进行自定义和个性化设置。
- 保证界面符合用户直觉, 不需要寻求帮助就可以使用。
- 屏幕不要太过花哨, 不要出现网页广告。
- 支持离线工作。

用户体验要素

- 保证软件易于使用, 能够快速访问。
- 提升加载速度, 不要出现广告条。
- 利用设备自身功能和 API。
- 给出默认值, 不要要求第一次使用的用户去设置选项。
- 避免登录和注册。

⊕ 另请参阅第 124 页**手机 App**。

Windows Phone 中的 Night Stand Clock 和 iPhone 中的 Qlock Two

Windows Phone 的 Night Stand Clock 采用了现代闹钟的形式。用户可以设定和定义闹钟，还可以个性化设置要显示的颜色。而 iPhone 的 Qlock Two 则以简单的文字显示时间。Night Stand Clock 符合用户的使用习惯，同时提供了一个包括语言选择和基本帮助信息的页面。Qlock Two 也有一个"关于"页面（此处未给出），其中给出了关于企业及其联系方式的信息。

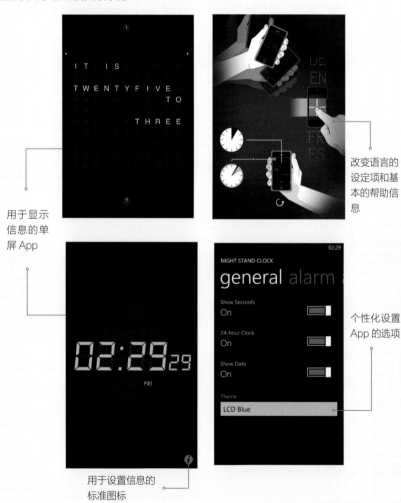

改变语言的设定项和基本的帮助信息

用于显示信息的单屏 App

个性化设置 App 的选项

用于设置信息的标准图标

67 生活类 App Lifestyle App

帮助我们处理日常事务的移动终端 App

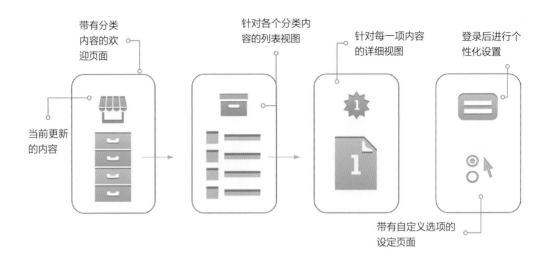

带有分类内容的欢迎页面

当前更新的内容

针对各个分类内容的列表视图

针对每一项内容的详细视图

登录后进行个性化设置

带有自定义选项的设定页面

生活类 App 是便于用户每天都使用的简单 App。它可能与购物、服装、房地产、烹饪、文化、交通、运动或者其他活动相关。它通过提供触手可及、简单有用的信息丰富了我们的日常生活。生活类 App 的特征在于内容的动态性和有规律的更新，正是这些使它们变得充满乐趣并且与我们的生活息息相关。

最佳设计经验与准则

- 在"今天"的页面内显示当前的信息。
- 在设置页面提供可以通过登录进行个性化设定的选项。
- 把信息分成列表视图和详细视图。
- 保证加载页面的新颖性，在页面内更新与用户相关且有趣的信息。
- 为所有分类内容使用标准的移动端列表视图。
- 支持用户在详细内容页面与信息进行交互。
- 在设置页面，通过可选的登录项来个性化定制所要显示的信息。

用户体验要素

- 保证功能型 App 的简单易用，显示最新的信息。
- 保证数据的即时性。
- 支持软件访问设备数据，如 GPS、地图、图片库和摄像头等。
- 存储用户的使用偏好，将其作为个性化定制的参数。
- 不要强迫用户登录后才能访问信息。
- 集成分享选项使软件具备社交功能。

⊕ 另请参阅第 128 页**信息类 App** 和第 144 页**品牌类 App**。

Trulia能帮助用户租用或购买房子。它的使用方法非常简单,主页上列出了软件的所有功能。用户只要选择某一项,比如 Open House,软件就会给出一个本区域内的住宅物业列表。它利用设备内置的 GPS,以及集成的地图放大显示该区域的图片。登录账户之后,你还可以收藏你喜欢的房子。

简单易用的主页给出了各项功能

登录之后可以保存自己喜欢的房产

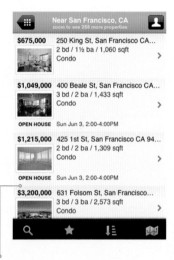

以列表的形式给出当前的住宅物业

利用地图显示你附近的住宅物业

附有详细信息的页面

分享功能

移动端产品

68 通讯录 Address Book
管理联系人信息的移动端应用程序

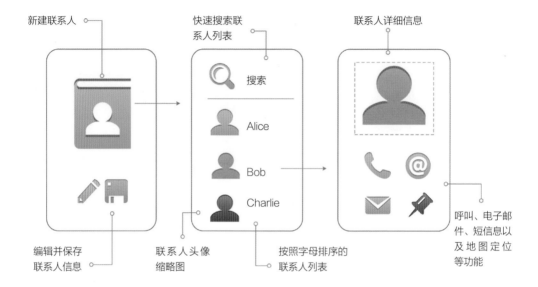

新建联系人

快速搜索联系人列表

联系人详细信息

搜索

Alice

Bob

Charlie

编辑并保存联系人信息

联系人头像缩略图

按照字母排序的联系人列表

呼叫、电子邮件、短信息以及地图定位等功能

按照字母顺序排列的通讯录存储着很多联系人信息。用户可以通过它迅速查找某个联系人并进行呼叫，还可以发送即时信息和邮件。联系人信息通常都包括联系人的全名、头像、邮件地址、办公和家庭地址、个人网站的网址、手机号以及用户针对联系人的备注。

最佳设计经验与准则

- 允许用户以最少的信息新建联系人。
- 在联系人列表页面显示头像缩略图。
- 提供"新建联系人""编辑"和"删除"选项。
- 支持快速访问通讯录中的联系人。
- 支持通过姓名搜索联系人。
- 在详细信息页面提供呼叫、发送邮件以及短信息等功能。

用户体验要素

- 保证软件易于安装，能迅速访问。
- 在联系人列表页面支持通过字母排序迅速访问。
- 为联系人姓名使用可读的字体大小，保证文字与背景有良好的对比效果。
- 支持利用联系人信息达成社会整合（social integration）。

（＋）另请参阅第 124 页**手机 App** 和第 94 页**网络小工具**。

使用 Windows Phone 系统的 Lumia 系列手机中的联系人程序

在使用 Windows Phone 系统的 Lumia 手机中，通讯录程序对联系人按照字母顺序进行了排列，并附带有搜索和快速添加新联系人的功能。它还有一项独特的功能，用户可以在按照字母顺序排列的列表中直接进入以某个字母开头的列表段。

迅速进入以某个字母开头的列表段

带有缩略图，按照字母进行排序的通讯录

可读性较好的字体，与背景形成良好的色彩搭配

添加新联系人

快速搜索

联系人头像

社交整合

呼叫、发送邮件或短信息的选项

编辑联系人

69 摄像类 App Camera App

利用摄像头功能的移动端 App

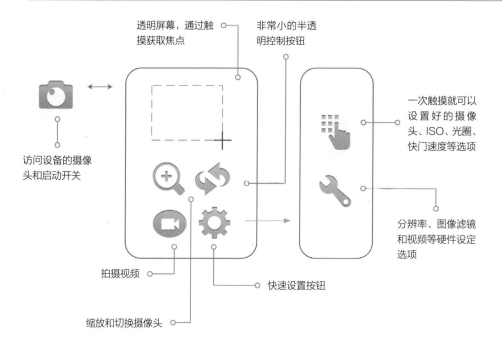

透明屏幕，通过触摸获取焦点

非常小的半透明控制按钮

访问设备的摄像头和启动开关

一次触摸就可以设置好的摄像头、ISO、光圈、快门速度等选项

分辨率、图像滤镜和视频等硬件设定选项

拍摄视频

快速设置按钮

缩放和切换摄像头

摄像类 App 能让用户方便快捷地使用手机的摄像头。此类应用程序在摄像视图窗口上叠加了一个半透明控制层，一次提供全屏显示摄像头视图。它不仅整合了本地应用，还有具有一些高级功能，比如读取联系人信息、GPS 信息、访问相册，共享图片等。

最佳设计经验与准则

- 允许用户直接进入摄像视图。
- 采用带外框的透明控制选项。
- 支持快速缩放和切换到视频模式。
- 保证所有的选项能很容易地进行触摸操作。
- 尽可能减少摄像所需设定的参数。
- 在设置页面，针对拍照和录制视频提供触摸一次就能完成设置的功能。

用户体验要素

- 保证应用程序易于学习，能很快上手，且易于分享拍摄内容。
- 缩短启动时间，在拍照时迅速保存。
- 在停用摄像头 1 分钟之后，自动转到省电模式。
- 一次触摸即可完成所有摄像头设置，提供为所有选项使用默认值的功能。
- 提供易于使用的地理标签和照片分享功能。

⊕ 另请参阅第 124 页**手机 App**，第 138 页**照片类 App**，以及第 152 页**近场通信类（NFC）App**。

N9 手机的摄像 App 拥有单个全屏透明的界面镜头和半透明镜头显示控制项。它有一个用于拍照的快捷按钮，还支持在摄像和视频模式之间进行快速切换。该 App 提供了省电模式和一键设定所有选项的功能。你还可以轻松访问图片库，进而通过因特网、蓝牙或近场通信技术来共享照片。

用于显示镜头视图的透明界面

半透明的控制项

一键设定摄像选项

轻触获取焦点

拍照 / 录制视频切换选项

访问图片库

分享图片库中内容

省电模式

70 照片类 App Photo App

手机上用于分享照片的 App

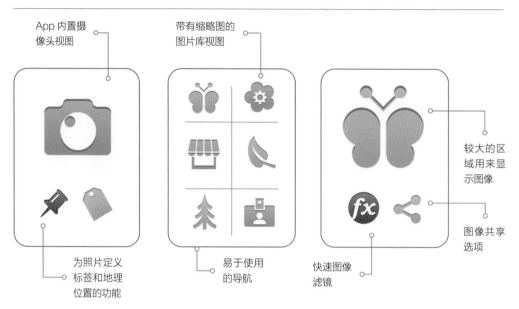

App 内置摄像头视图

带有缩略图的图片库视图

较大的区域用来显示图像

图像共享选项

为照片定义标签和地理位置的功能

易于使用的导航

快速图像滤镜

照片类 App 利用摄像类应用程序快速获取照片，然后打上标签，并分享到社交网络。这类应用程序都有基本的图像滤镜，比如在分享之前对照片进行编辑和裁剪。它利用手机的摄像头获取照片，利用图片库存储照片。

最佳设计经验与准则

- 利用设备的图片库存储照片。
- 读取设备存储的联系人，以共享照片。
- 利用图片库的界面浏览多个照片。
- 集成摄像类应用程序。
- 提供用于提升图像效果的功能。
- 设计易方便用的导航，为改善图片效果提供快速滤镜。
- 请用户添加地理位置信息，允许用户为照片添加标签。

用户体验要素

- 构建快速拍照、易于分享并且有趣的功能。
- 打造 App 内置摄像头的使用体验。
- 为拍照界面设计透明的 UI 元素。
- 在应用图像滤镜之前显示预览效果，并允许用户撤销滤镜。
- 创建易用的导航。
- 把自定义照片效果变成有趣的事情。

（+）另请参阅第 136 页**摄像类 App** 和第 94 页**网络小工具**。

iPhone 的 Instagram App

这个 App 是基于 iPhone 手机设计的, 它利用自身的摄像头进行拍照, 并把照片保存在图片库中。用户可以在这个 App 内使用图片库的功能, 这样就可以通过自定义的方式改善图片效果。这个 App 还可以与社交网络相集成, 利用联系人数据来共享照片。总之, 该应用程序的用户体验非常流畅, 并且有较高的使用效率。

照片类 App 为展示照片而优化的图片库视图

无标题的缩略图

简单的导航有利于快速分享照片

集成内置摄像头进行拍照

展示优化之后的照片

针对照片的快速图像效果

为实现快速共享照片而集成的社交网络

71 移动终端游戏类 App Mobile Game App

移动终端上的电子游戏应用程序

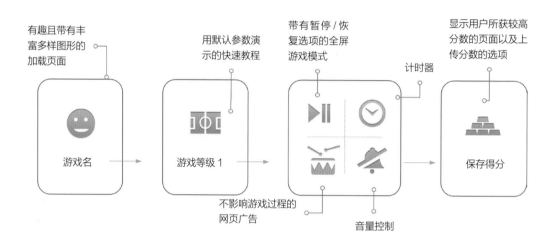

有趣且带有丰富多样图形的加载页面

用默认参数演示的快速教程

带有暂停 / 恢复选项的全屏游戏模式

计时器

显示用户所获较高分数的页面以及上传分数的选项

游戏名 → 游戏等级 1 → → 保存得分

不影响游戏过程的网页广告

音量控制

移动游戏 App 属于在移动设备上运行的视频游戏。它能迅速为用户带来娱乐体验。当前的智能手机技术支持游戏采用炫目的图像和动画。此类游戏利用设备的传感器，如加速度传感器、陀螺仪、摄像头 API 以及地理位置信息来营造极具沉浸感的游戏体验。

最佳设计经验与准则

- 支持用户在继续游戏和暂停之间快速切换。
- 构建不受 UI 控制项影响的全屏游戏模式。
- 为暂停和音量控制按钮使用透明效果。
- 利用设备的硬件能力和 API 实现更为丰富的游戏体验。
  - 利用设备的无线连接功能和蓝牙技术支持多人游戏。
  - 在基于地理位置的游戏中使用 GPS 信息。
  - 集成摄像头和联系人信息。

用户体验要素

- 快速加载游戏。
- 使用户能够很快地暂停并保存游戏。
- 支持自动保存和睡眠模式。
- 当有通知信息出现时，不要自动暂停游戏。
- 保存用户的使用偏好和设定信息，方便其在下一次游戏中启用。

⊕ 另请参阅第 180 页**游戏用户界面**，190 页**自然用户界面**，以及第 154 页**移动广告**。

Optime Software 的免费游戏 Tic Tac Toe

Tic Tac Toe 游戏十分受欢迎，是个典型的移动终端游戏案例。因为移动设备的用户处于一个容易分散注意力的动态环境，吸引用户的程度远不如 PC 游戏，所以迅速启动并开始游戏就显得十分重要。这个游戏有一个非常短的加载页面，在启动界面上有默认的设定项。用户在选择游戏级别和角色名称之后就可以开始游戏了。

显示游戏公司信息的加载页面

简单地启动游戏页面

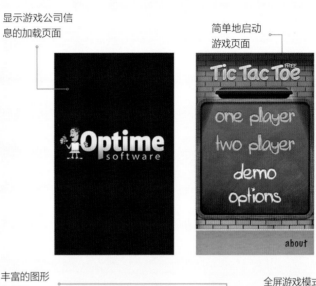

丰富的图形和动画

全屏游戏模式

以默认设定开始游戏

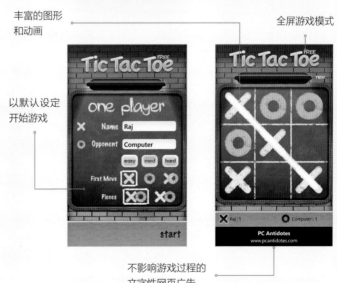

不影响游戏过程的文字性网页广告

72 位置感知类 App Location Aware App

利用设备的地理位置信息来提供本地信息服务的应用程序

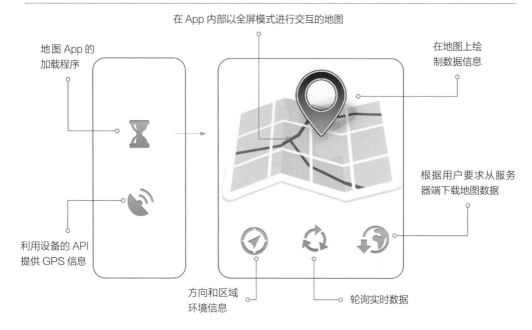

在 App 内部以全屏模式进行交互的地图

地图 App 的
加载程序

在地图上绘
制数据信息

根据用户要求从服务
器端下载地图数据

利用设备的 API
提供 GPS 信息

方向和区域
环境信息

轮询实时数据

位置感知类 App 利用手机内置的 GPS 和因特网服务查找设备当前所在的位置,基于位置信息,这类 App 能够提供附近用户感兴趣的信息,并计算到达某个位置的路程,它甚至还能定位用户附近的朋友和家人。这类 App 利用计算所得的地理坐标信息向用户呈现他们感兴趣的信息。

最佳设计经验与准则

- 在地图界面上显示设备当前的地理位置。
- 向用户提供与用户自己感兴趣的位置进行交互的方式。
- 在初始化地图和检索 GPS 信息时显示一个加载屏幕。
- 询问用户是否能够读取设备的 GPS 信息。
- 支持在 App 内部缩放 / 拖动地图。

用户体验要素

- 通过用户感兴趣的信息保证 App 的有效性。
- 在地图上返回设备当前所在位置。
- 允许用户在地图上添加自定义数据。
- 在系统繁忙,出现警报和错误时,提供反馈性的提示元素。
- 在从因特网抓取实时数据时刷新 App 的状态。
- 告知用户当前被使用或分享的数据是哪些。

(+) 另请参阅第 174 页**混合数据型 App** 和第 94 页**网络小工具**。

AT&T 的 FamilyMap 应用程序

此 App 是个基于地理位置的服务程序, 它利用移动设备的位置信息和地图显示家庭成员所在的位置。用户需要从 AT&T 按月订购这项服务, 程序所提供的信息是实时的, 每隔几分钟就刷新一次。

基于地理位置的服务能够在地图上定位家庭成员所在的位置

透明的工具栏能保证地图的可见性

带有拖动和缩放功能的交互式地图

实时定位用户位置, 并标注在地图上

用户当前所在的位置和自定义书签功能

易于使用的导航

73 品牌类 App Branded App

拓展某一品牌价值主张的移动端 App

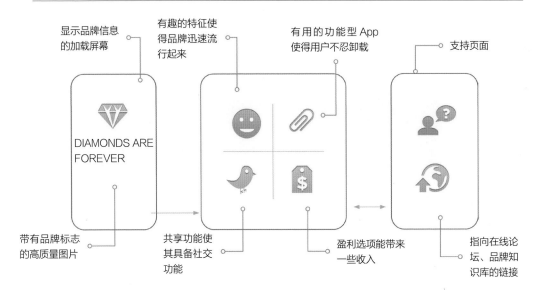

移动端的品牌类 App 一般都是作为已有网站应用程序或服务在移动设备上的拓展。此类 App 的使用更具沉浸性，能提供更为丰富，更为切身的体验。它一般会提供一些功能型 App 或简单的娱乐功能，能在品牌产品或服务之外提升用户对品牌价值的兴趣。

最佳设计经验与准则

- 利用超高质量的图像，设计具有品牌美感的加载屏幕。
- 保持 App 的简洁性，聚焦于某一项实用性或娱乐性功能。
- 允许用户进行个性化设定，并使这一过程充满乐趣。

- 支持社交分享功能，吸引用户添加书签，进行评论和打分。
- 在支持页面中提供联系电话和反馈功能。

用户体验要素

- 保证 App 的品质以及有用性。
- 保证 App 的主题和风格与品牌产品 / 服务的一致性。
- 保证数据的动态性和即时性，以吸引用户再次使用。
- 在离线状态下，保证 App 的基本功能。
- 不要加入营销和广告内容，而是售卖与品牌相关的产品。
- 利用设备的 API 营造独特的使用体验。

(+) 另请参阅第 124 页**手机 App**，第 140 页**移动终端游戏类 App**，以及第 146 页**消费者服务类 App**。

这是个帮助用户规划一日三餐的App，它提供了每一餐食物的烹饪方法。该 App 用高质量的图片显示快速制作食物的方法，还附有一个计时器程序。它是个非常流行的品牌类 App（价值 99 美分），拥有非常棒的社交整合功能，支持用户对所有的食物进行打分和发表评论。

案例研究
iFood Plus

加载屏幕时显示关于品牌信息的高质量图片

购物车信息

规律更新的内容

炫目的照片能打造出良好的用户体验

充满内容项列表的用户界面

分享用户评论的选项

包括联系方式和帮助内容的软件支持页面

74 消费者服务类 App Consumer Service App

能够拓展在线消费者服务的本地 App

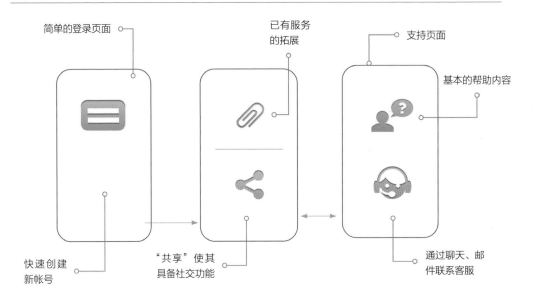

简单的登录页面

已有服务的拓展

支持页面

基本的帮助内容

快速创建新帐号

"共享"使其具备社交功能

通过聊天、邮件联系客服

你可以把消费者服务类 App 当作是拓展了在线服务功能的品牌类 App。此类应用通常都要求用户登录，然后向用户提供一些与移动内容相关的服务。它经常用来提供在线服务，比如银行业务、项目管理、社交网络、电子邮件以及其他需要访问用户账户的服务。

最佳设计经验与准则

- 针对特定的服务和功能构建简单易用的 App。
- 在加载页面显示登录选项，并存储用户名。
- 提供尽可能少的帮助，允许用户在不登录的情况下使用 App 的基本功能。
- 在会话完成之后，告知用户账户的安全性，说明用户已经退出账户。
- 在独立的页面给出联系和支持信息，允许用户给出反馈意见。

用户体验要素

- 保证 App 的运行速度和有效性。
- 注重与移动终端用户相关的服务。
- 利用设备的 API，比如 GPS 来减少用户的输入。
- 支持自动登录，存储登录信息。
- 避免出现网页广告、企业新闻和不相关的信息。

⊕ 另请参阅第 124 页**手机 App** 和第 144 页**品牌类 App**。

美国银行的移动终端 App

在能够访问因特网的手机上,你可以通过美国银行的移动终端 App 查阅自己的账户信息与转账金额并进行付款(针对合乎要求的账户),它能为现有客户带来更多的便利。该 App 要求用户登录系统,然后为移动终端用户提供尽可能多的相关功能,比如银行和 ATM 取款机的位置。它在支持页面给出了大量联系方式,支持用户直接反馈信息,向他人推荐该 App 以及联系客服。

安全登录到消费者的账户

为移动终端用户带来更多的便利

访问经常使用的功能

利用本地的 GPS 定位 ATM 取款机

告知用户已经退出系统

针对联系客服和反馈设定页面

分享和推荐选项

75 增强现实类 App Augmented Reality App

支持用户通过摄像头与虚拟世界进行交互的应用程序

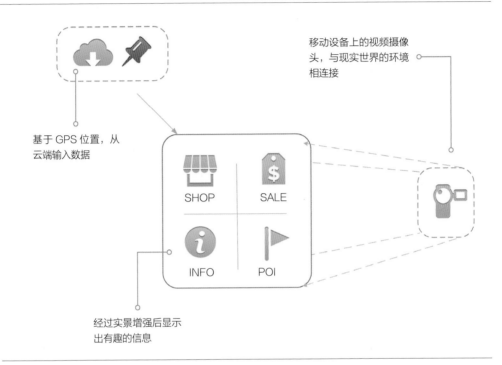

移动设备上的视频摄像头，与现实世界的环境相连接

基于 GPS 位置，从云端输入数据

SHOP

SALE

INFO

POI

经过实景增强后显示出有趣的信息

　　增强现实类 App 其实是利用了来自摄像头的实景数据的摄像类 App，此类程序利用来自 GPS、地图、联系人和网络的数据对实景图像进行处理，创造出另一个虚拟的现实世界。这使得用户能够通过独特的方式在虚拟世界中进行操作，比如以 3D 视图进行交互，寻找商店、某个地点、朋友和推销信息等。

最佳设计经验与准则

- 在摄像视图中用透明图层显示信息。
- 在实景摄像视图的基础之上构建虚拟现实场景。
- 提供地图和详细信息视图，方便用户使用。
- 支持用户与虚拟世界中的人、物和空间交互。
- 在不使用 App 时，把 App 调整为待机状态以节省电量和数据消耗。

用户体验要素

- 支持对镜头视图执行触摸操作，显示相关设置信息。
- 在帮助功能中使用界面截图指导用户的操作。
- 允许用户对数据过滤进行设定。
- 显示当前位置与目标位置的距离。
- 支持实时交互，如订购酒店或向朋友发送信息。

⊕ 另请参阅第 136 页**摄像类 App** 和第 142 页**对地理位置敏感类 App**。

Wikitude 的增强现实 App

Wikitude 利用摄像头和地理位置向用户实时显示他们感兴趣的信息。它同时在镜头内和地图上显示用户感兴趣的地点，用户可以通过点击 / 触摸获取更多的信息。Wikitude 利用多个在线数据源收集与用户相关的本地数据，这些数据源包括 Wikipedia、Yelp、Twitter 以 及 City Search 等。

附近的、用户有可能感兴趣的地点

标记有与用户相关数据的地图

来自受欢迎的在线资源的数据

快速读取数据信息

用户与数据进行交互

在实景上显示数据的摄像视图

76 蓝牙类 App Bluetooth App

利用无线蓝牙技术进行信息传播的移动终端 App

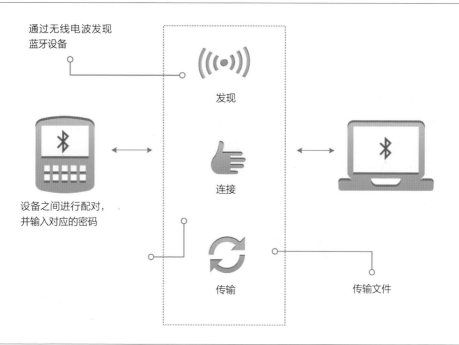

通过无线电波发现
蓝牙设备

发现

设备之间进行配对，
并输入对应的密码

连接

传输

传输文件

蓝牙类移动 App 能够让你连接到其他支持蓝牙技术的设备。蓝牙是一项简单且安全的无线连接技术，它能实现短距离通信，你可以用它来向他人分享自己的虚拟名片和联系信息，与其他人建立社交关系，此外，还能传输文件，或用它聊天、实现遥控功能。

最佳设计经验与准则

- 保证用户界面的简洁性，保证非技术型用户能够很容易地使用。
- 利用设备的 API 列出可探测范围内所有的蓝牙设备。
- 当设备接受 / 输入密码时，进行配对。
- 只连接支持蓝牙类 App 的设备。
- 给出数据传输的状态。

用户体验要素

- 实现快速、完美的用户体验。
- 屏幕设计不要太过花哨。
- 提供快速的"打开蓝牙"按钮，列出可探测到的蓝牙设备。
- 传输大型文件时，显示传输进度，允许批量传输文件。
- 允许用户在 App 内部设置共享。

(+) 另请参阅第 152 页**近场通信类（NFC）App** 和第 125 页**手机App**。

Windows 7 的 Easy Connect App

Easy Connect 是 Windows Phone 7 系统中一个简单的 App，它能够快速访问蓝牙设备。用户可以通过选择蓝牙图标进入设置页面，然后与其他设备进行配对。虽然没有进行任何数据的传输，我们也能看出这一 App 的简单易用特性，这一点可谓是开发蓝牙类 App 的标杆。

Easy Connect App 能让你迅速连接到其他蓝牙设备

进入蓝牙设置的快捷方式

共用密码的蓝牙设备间的连接过程

打开蓝牙设备后，列出可探测范围内的所有蓝牙设备

配对成功之后，设备就可以基于之前定义的协议传输数据文件

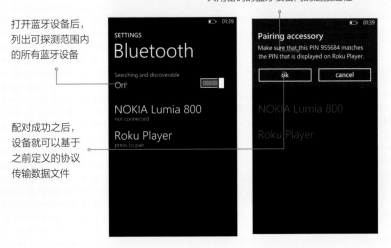

77 近场通信类（NFC）App Near Field Communication (NFC) App

利用 NFC（近距离的无线电通信）技术实现数据通信的移动端 App

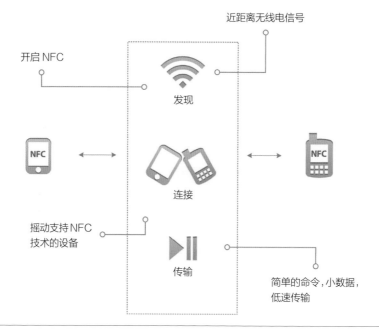

近场通信是一项无线通信技术，仅需物理上轻微的接触就可以把多台设备连接起来，并支持终端之间进行双向通信。该技术与蓝牙技术稍有不同，蓝牙技术要求两台设备必须通过密码进行配对，而 NFC 技术则可以自动配对在足够近距离的两台设备。它的连接方式简单，但传输速率稍慢一些。

最佳设计经验与准则

- 提供要求用户确认共享和连接的选项。
- 在触碰设备时，通过简单的界面显出连接进程。
- 因为不需要额外的操作步骤，所以此类 App 通过轻触就可执行发送 / 接收命令。
- 使用简单的打开 / 关闭设定界面。
- 为相互连接的设备使用标准的连接协议。
- NFC 支持设备之间进行单向或双向两种方式的通信。

用户体验要素

- 保证 App 使用起来简便、有效。
- 用创新性的方法实现通过触摸分享、获取电话号码以及连接到社交网络等功能。
- 在传输数据时显示进度。

⊕ 另请参阅第 150 页**蓝牙类 App** 和第 124 页**手机 App**。

NOKIA N9 手机和采用了 NFC 技术的扬声器

NOKIA 是第一个把 NFC 技术应用于手机产品的公司。N9 手机中有一款音乐 App，它能通过 NFC 技术把手机连接到采用了 NFC 技术的扬声器。如果你在户外听了某一首歌，回家之后，你只要轻轻地用手机触碰与其对应的扬声器，就可以把那首歌传送到扬声器上播放。当你要离开的时候，再次用手机触碰一下扬声器，这首歌就又转换手机进行播放。

内置有 NFC 技术的
NOKIA N9 手机

由 NFC 驱动的扬声器

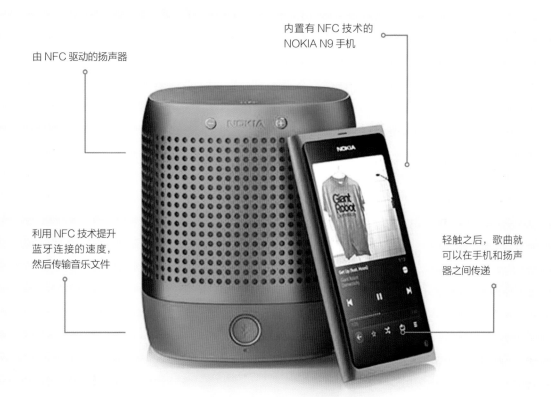

利用 NFC 技术提升
蓝牙连接的速度，
然后传输音乐文件

轻触之后，歌曲就
可以在手机和扬声
器之间传递

78 移动广告 Mobile Ads

针对手机 App 和网站的网页广告

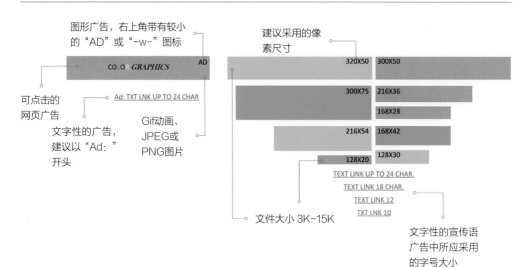

图形广告，右上角带有较小的"AD"或"-w-"图标

建议采用的像素尺寸

可点击的网页广告

Ad: TXT LNK UP TO 24 CHAR

文字性的广告，建议以"Ad："开头

Gif动画、JPEG或PNG图片

文件大小 3K~15K

文字性的宣传语广告中所应采用的字号大小

移动广告有三种形式: 图像化的网页广告、文字广告和全屏显示的富媒体广告。广告条和文字广告较为流行, 常见于移动网站和移动 App。全屏显示的富媒体一般作为移动 App 或媒体 App 的一部分存在, 当用户点击了其中的广告条或播放视频时触发。

最佳设计经验与准则

· 为广告和程序内容划出明显的界限, 或者为其贴上"广告"的标签。

· 在广告区域的右上角或右下角标注上"ad"字样。

· 对于文字广告, 用"ad："或"-w-"表明这是广告。

· 广告区域的尺寸应该在 128×20 像素到 320×50 像素之间。

· 广告文件的大小最好在 3K 到 15K 之间, 采用 JPEG、PNG 或 GIF 格式。

· 根据广告中文字的多少采用不同大小的字号, 最小 10 号, 最大 24 号。

· 对于全屏显示的富媒体广告, 时长不应该超过 30 秒。

用户体验要素

· 保证广告与程序内容的相关性, 快速加载。

· 利用优化后的图像提升加载速度。

· 广告文字不要超过两行字。

· 避免使用富互联网应用程序, 如 Flash 和 Silverlight 制作的广告。

· 利用设备所处的地理位置提供本地的广告。

+ 另请参阅第 94 页网络小工具, 第 98 页网页广告, 以及第 92 页富互联网应用程序(RIA)。

NOKIA N9 手机上 m.imdb.com 网站、Quick Scan 和 Convert Units 应用中的广告

移动网站 m.imdb.com 中包括有一些图像化的广告条，这些广告位于页面的顶端，并且与网站内容作出了明显的区分。Quick Scan App 中则有一个非常美观、占据了 100% 屏幕宽度的图像广告。Convert Units 则在页面顶端显示了一个纯文字广告。

IMDB 网站上的图像化广告，与内容进行了明显的区分

网站内容区域中出现的文字广告，其右上方给出了广告信息

广告主题与 App 的主题非常契合，但却清楚地用"AdChoices"进行了标示

App 内部的网页广告

155

79 移动商业应用 Mobile Commerce

移动设备上的电子商务应用程序

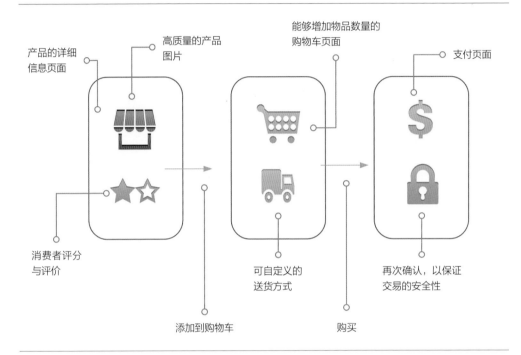

产品的详细
信息页面

高质量的产品
图片

能够增加物品数量的
购物车页面

支付页面

消费者评分
与评价

可自定义的
送货方式

再次确认，以保证
交易的安全性

添加到购物车

购买

移动商业应用程序其实是网络版电子商务的简化版本。使用移动商务应用程序时，首先面对的是产品详细信息页面，用户将自己的大部分时间都花在了这个页面上，决定到底是购买还是离开；然后是"添加到购物车"功能，用户通过这个功能增加或是减少所购产品的数量；第三步也是最后一步——结算，用户需要登录账户，利用已有的信息，或是输入新的付账和运输信息，完成产品的购买。

最佳设计经验与准则

- 在详细产品页面展示高质量的产品图片、具体说明和消费者评论等信息。
- 选用高质量的图片，但要对文件大小进行优化。
- 使用户在尽可能少的步骤内完成购物——理想状态下应该是三步。
- 存储用户的使用偏好，如添加到购物车的物品

和登录信息，以备下次登录后使用。
- 使用白色背景，尽可能少地使用背景主题和样式。

用户体验要素

- 不要出现网页广告和推销信息。
- 支持用户通过登录轻松地完成结算步骤。
- 在结算时保证用户账户的安全。
- 在移动设备上采用上下滚动的方式浏览页面。
- 提供访问桌面版本电子商务系统的链接。

⊕ 另请参阅第 66 页**购物车**，第 64 页**产品页面**和第 68 页**支付**。

案例研究

Infbeam.com

Infbeam 是印度的一个购物网站，该网站使用用户感受到简单易用的移动购物体验。产品的详细信息页面列出了产品的所有细节，给出了完整的规格说明和质量保证信息。购物车功能支持用户以新客户的方式进行结算，在最后的步骤，它要求用户输入银行账户或信用卡的信息完成商品的购买。

带有产品图片、价格和颜色选项的产品详细信息页面

其他的产品规格信息和质量保证信息

能实时更新产品数量的购物车

以新顾客的身份结算

最后的支付步骤

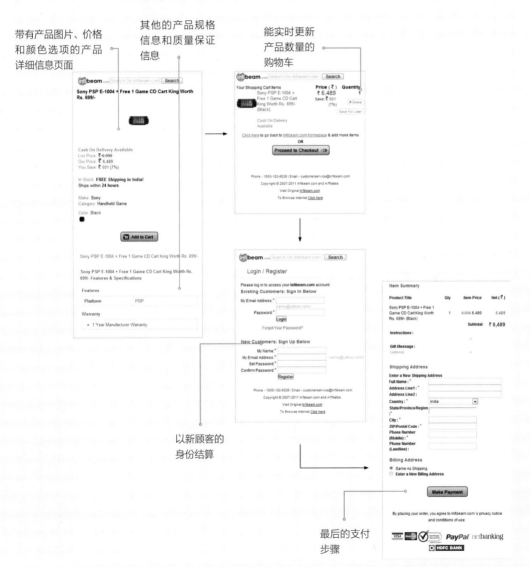

80 移动搜索 Mobile Search

针对移动设备的搜索界面

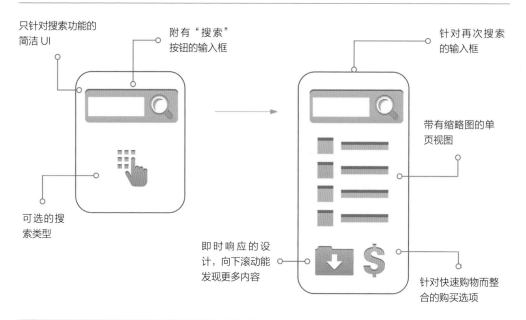

只针对搜索功能的简洁 UI

附有"搜索"按钮的输入框

针对再次搜索的输入框

带有缩略图的单页视图

可选的搜索类型

即时响应的设计，向下滚动能发现更多内容

针对快速购物而整合的购买选项

　　移动搜索是功能非常单一的移动终端 App：用户输入一个关键词，选择可选的搜索子类，按下"搜索"按钮，程序就会显示出一系列的相关内容项。用户可以执行进一步的搜索，选择已列出的某一项内容，或者向下滚动屏幕，加载更多的搜索结果。搜索结果中可能会出现"添加到购物车"之类的选项来帮助用户完成快速的电子商务交易。

最佳设计经验与准则

- 在搜索屏幕内提供可选的搜索类型。
- 在搜索结果显示页面给出搜索结果的缩略图。
- 为搜索结果页面使用白色背景，最多使用 2 ~ 3 种颜色设计出界面主题。
- 对于在线购物网站，在搜索结果页面给出"购买"选项。
- 使用简单的文字标签按钮，如"购买""搜索"取代"添加到购物车""执行搜索"。

- 在显示多个搜索结果时，采用垂直滚动屏幕的方式，摒弃多个页面与导航配合的方式。

用户体验要素

- 保证搜索功能的易用性，快速显示搜索结果。
- 提供较大的、易于触摸的按钮。
- 保证搜索输入框的可读性。
- 提供精确有效的搜索结果。
- 采用白色背景，最多使用 2 ~ 3 种颜色。

⊕ 另请参阅第 128 页**信息类 App** 和第 144 页**品牌类 App**。

Apmex 是个黄金售卖商，他拥有自己的移动网站。该网站拥有简单好用的搜索功能，同时还支持用户按照分类浏览产品。搜索结果页面显示的搜索结果旁边附带有缩略图，它采用了基于导航的分页机制，而不是响应式设计。

案例研究
Apmex 的搜索功能

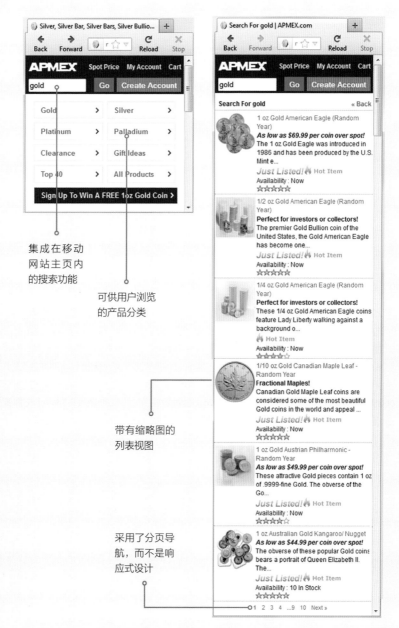

集成在移动网站主页内的搜索功能

可供用户浏览的产品分类

带有缩略图的列表视图

采用了分页导航，而不是响应式设计

81 移动终端的主屏幕 Mobile Home Screen

移动设备操作系统的登录屏幕

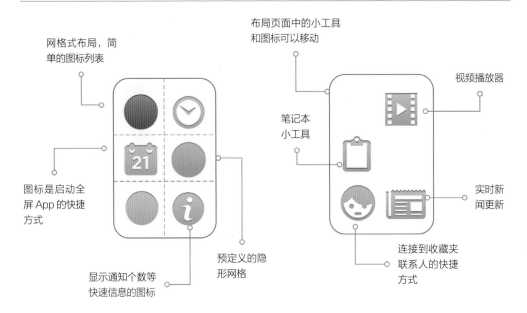

网格式布局，简单的图标列表

布局页面中的小工具和图标可以移动

视频播放器

笔记本小工具

图标是启动全屏 App 的快捷方式

实时新闻更新

显示通知个数等快速信息的图标

预定义的隐形网格

连接到收藏夹联系人的快捷方式

移动终端的主屏幕是用户解锁设备之后看到的第一个界面内容。它的目的在于帮助用户找到他们所需的 App 或设定项。目前有两种流行的主屏幕布局，其一是图标网格式布局，主屏幕上显示了一系列静态的可交互图标，这种方式流行于 iPhone 和 Windows Phone 系统。另一种是可自定义的小工具布局，在主屏幕上向用户呈现了一个可自定义的控件，这种方式常见于 Symbian 和 Android 系统。

最佳设计经验与准则

- 支持快速访问常用的 App。
- 支持用户快速访问所有 App 和设定项。
- 优化图标的显示效果。
- 使用户很容易地从主屏幕进入到 App。
- 允许用户自定义主屏幕。

用户体验要素

- 保证所有东西都易于访问。
- 采用较大且易于触摸的图标和按钮。
- 支持移动、转动等改变布局的方式。
- 利用多个屏幕对图标和小工具进行分组。

＋ 另请参阅第 162 页**触摸式用户界面**和第 52 页**主页**。

NOKIA N9 系统的主屏幕

NOKIA 为 N9 手机构思了一个全新的、与众不同的布局方式，它有三个可以像轮盘一样从左向右滑动的主页。第一屏用于显示通知消息，第二屏是图标网格，第三屏用来显示最近使用的应用程序，这对于移动设备主屏幕设计来说是项创新。

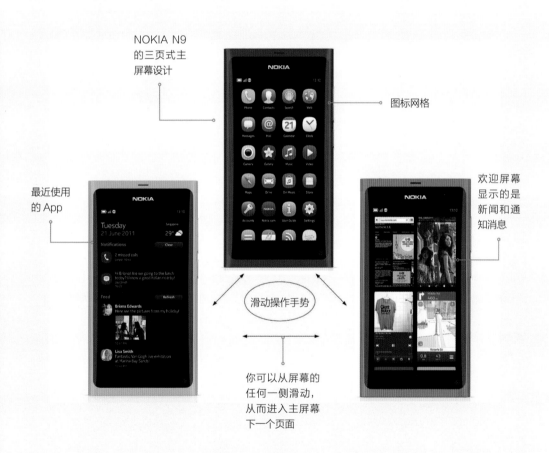

NOKIA N9 的三页式主屏幕设计

图标网格

最近使用的 App

欢迎屏幕显示的是新闻和通知消息

滑动操作手势

你可以从屏幕的任何一侧滑动，从而进入主屏幕下一个页面

82 **触摸式用户界面** Touch User Interface

基于触感的用户界面技术

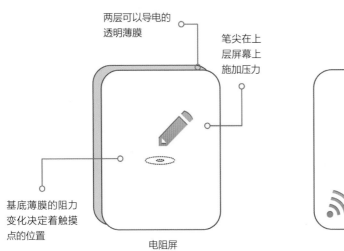

两层可以导电的透明薄膜

笔尖在上层屏幕上施加压力

基底薄膜的阻力变化决定着触摸点的位置

电阻屏

利用电信号定位

手指作为导体

支持多点触摸

电容屏

触摸式用户界面基于触觉理论构建而成，它利用硬件表面的力反馈来感知触摸操作。它的两种应用形式是电阻式触摸屏和电容式触摸屏。电阻式触摸屏利用压力定位触点; 而电容式触摸屏则利用电信号来定位, 它可以支持多点触摸。

最佳设计经验与准则

- 电阻屏
  - 利用触摸笔实现精确的单点交互。
  - 不要支持拖拽操作。
  - 用翻页代替滚屏。
  - 用固定尺寸的按钮实现交互。
- 电容屏
  - 利用手指触摸实现流畅的交互。
  - 它可以实现流畅的滚动效果，从而支持拖拽操作。
  - 支持用户与内容进行交互。
  - 利用多点触摸构建高级功能。

用户体验要素

- 构建无缝、流畅的交互, 为更好的交互体验改进产品功能。
- 在电容屏上采用流动、顺畅的滚动操作。
- 对于电阻屏, 采用类似于"点击"之类的有限的交互方式。

⊕ 另请参阅第 164 页**多点触摸式用户界面**和第 168 页**基于手势的用户界面**。

这一概念是针对电容屏构建的, 它利用类似于拖拽的滑动操作进入或退出应用程序的菜单。用户可以通过单次轻触与单点触摸屏幕的设备进行交互, 也可以在不离开屏幕的情况下, 滑动手指与界面进行交互。

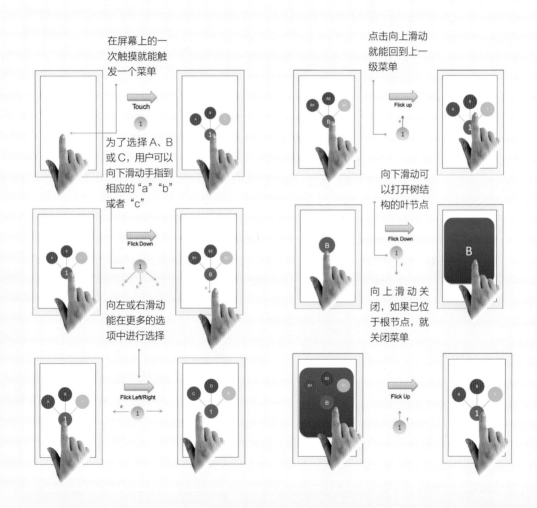

83 多点触摸式用户界面 Multi-Touch User Interface

同时支持多点触摸输入的用户界面

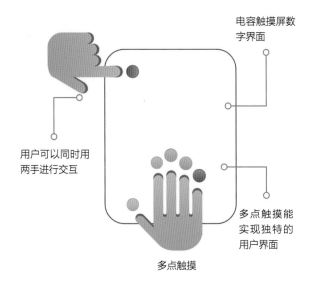

电容触摸屏数字界面

用户可以同时用两手进行交互

多点触摸能实现独特的用户界面

多点触摸

多点触摸屏能够同时识别数字屏幕上两个及两个以上的触摸点。它能通过追踪多个触点来识别用户手势,这能够实现一些高级功能,如快速滑动、通过多个手指的开合进行缩放等等。多点触摸屏采用的是电容屏技术。

最佳设计经验与准则

- 创造简单的用户交互方式。
- 考虑两只手交互的逻辑。
- 采用简单的滑动姿势:
  - 向左右、上下拖动。
  - 旋转,手指合拢进行缩小,手指分开进行放大。
  - 轻触,两次轻触。
- 采用基于用户输入的界面,点击某个点之后打开子菜单。

用户体验要素

- 为交互使用尽可能少的触摸点(2～3个)。
- 避免采用多个手指的尴尬交互形式。
- 不要因为你能用所有手指进行交互,就因此设计出需要用十个手指进行交互的方式。
- 为用户打造眼前一亮的体验。

⊕ 另请参阅第 162 页**触摸式用户界面**和第 168 页**基于手势的用户界面**。

用两个大拇指进行交互的界面

这是用户的想法，利用多点触摸与数字相框进行交互。它能构建出没有任何干扰因素的视图，非常适合用两个拇指进行交互。它采用了独特的菜单树结构，菜单项位于屏幕的左侧，类似于可旋转的拨号界面，屏幕右侧是其子菜单。这种界面利用多点触摸技术实现了独特且有效的交互方式。

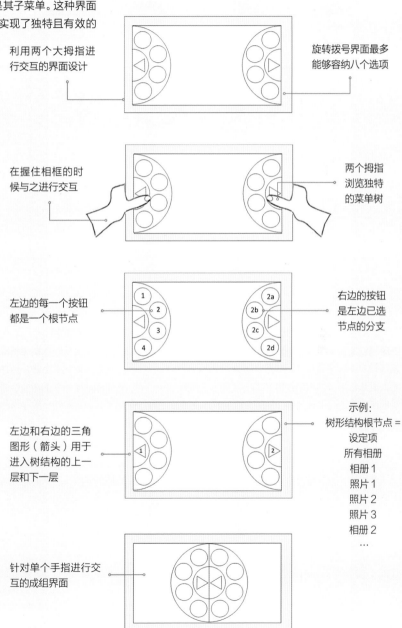

利用两个大拇指进行交互的界面设计

旋转拨号界面最多能够容纳八个选项

在握住相框的时候与之进行交互

两个拇指浏览独特的菜单树

左边的每一个按钮都是一个根节点

右边的按钮是左边已选节点的分支

左边和右边的三角图形（箭头）用于进入树结构的上一层和下一层

示例：
树形结构根节点 =
设定项
所有相册
相册 1
照片 1
照片 2
照片 3
相册 2
…

针对单个手指进行交互的成组界面

84 无障碍触摸式用户界面 Accessible Touch User Interface

触摸屏上可进行无障碍访问的界面

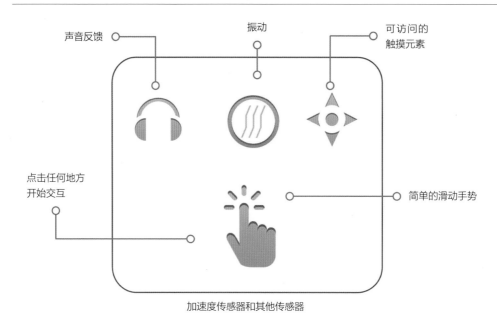

声音反馈

振动

可访问的触摸元素

点击任何地方开始交互

简单的滑动手势

加速度传感器和其他传感器

针对触摸屏上可无障碍访问的界面采用了简单的触摸式交互、声音、触觉反馈（振动），加速度传感器和其他传感器技术。由于缺乏触觉表面，所以触摸屏难以形成与视觉相匹配的盲文界面。当前的其他解决方法有屏幕阅读、声音识别系统以及语音命令等。

最佳设计经验与准则

- 针对无障碍访问优化界面设计。
- 在所有步骤利用声音和振动形成反馈。
- 利用加速度传感器和其他传感器支持交互。
- 基于易于实现的有限操作动作的原则设计 UI。

用户体验要素

- 极致的简洁与精确。
- 采用基本的交互方式。
- 总是说明交互情景。
- 谨慎地使用振动。
- 利用高级传感器（如加速度传感器）帮助用户进行交互。

⊕ 另请参阅第 162 页**触摸式用户界面**，第 167 页**基于手势的用户界面**和第 164 页**多点触摸式用户界面**。

这个针对具有视觉障碍用户的 UI 概念采用了基于莫尔斯码（Morse code）的交互方式。

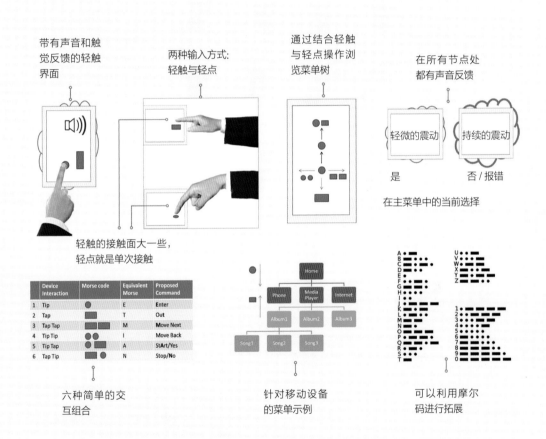

带有声音和触觉反馈的轻触界面

两种输入方式：轻触与轻点

轻触的接触面大一些，轻点就是单次接触

通过结合轻触与轻点操作浏览菜单树

在所有节点处都有声音反馈

轻微的震动　　持续的震动

是　　　　　否 / 报错

在主菜单中的当前选择

	Device Interaction	Morse code	Equivalent Morse	Proposed Command
1	Tip	●	E	Enter
2	Tap	▬	T	Out
3	Tap Tap	▬ ▬	M	Move Next
4	Tip Tip	● ●	I	Move Back
5	Tip Tap	● ▬	A	StArt/Yes
6	Tap Tip	▬ ●	N	Stop/No

六种简单的交互组合

针对移动设备的菜单示例

可以利用摩尔码进行拓展

85 基于手势的用户界面 Gesture-Based User Interface

利用触摸动作进行交互的界面

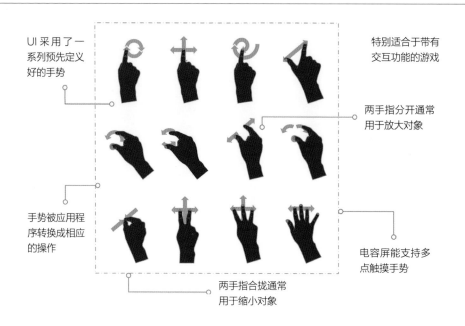

UI 采用了一系列预先定义好的手势

特别适合于带有交互功能的游戏

两手指分开通常用于放大对象

手势被应用程序转换成相应的操作

电容屏能支持多点触摸手势

两手指合拢通常用于缩小对象

此类界面由简单、易于识别,可通过一个、两个或更多手指完成的手势构成,用户在触摸屏上执行拖拽手势来形成符号,界面将其转换成标准的应用程序命令。例如,用手指形成的交叉标志会被转换成应用程序内的删除操作。基于手势的用户界面在交互性的教育类 App 和游戏中非常流行。

最佳设计经验与准则

- 针对命令预先定义一系列手势。
- 为命令转换过程给出反馈。
- 帮助用户与 App 进行交互。
- 为手指交互操作指明特定的屏幕区域。
- 为用户的交互提供快速帮助,就像针对游戏的控制面板一样。

用户对基于手势的用户界面的期待在于其交互性。

用户体验要素

- 保证界面的简洁性,给用户带来乐趣。
- 允许用户在交互的过程中学习手势。
- 采用用户熟悉的标准手势,如通过两手指的分合实现缩放。
- 采用简单、易于识别的手势。

(+) 另请参阅第 162 页**触摸式用户界面**和第 164 页**多点触摸式用户界面**,以及第 169 页**基于手写笔的界面**。

86 基于手写笔的界面 Pen-Based Interface

采用基于手写笔进行输入的界面

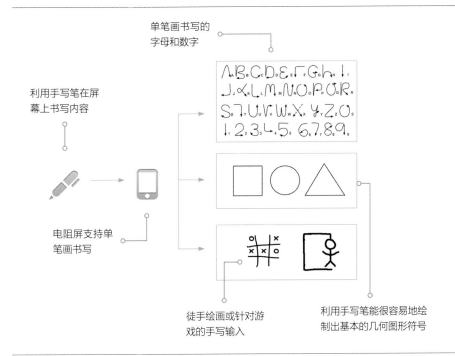

单笔画书写的字母和数字

利用手写笔在屏幕上书写内容

电阻屏支持单笔画书写

徒手绘画或针对游戏的手写输入

利用手写笔能很容易地绘制出基本的几何图形符号

基于手写笔的界面利用虚拟的书写笔进行交互。它应用于最早的手持设备，通过笔尖在电阻屏上绘制笔画，形成书写操作。现在的电容屏也能够利用导电笔或手指模拟此类笔触操作。这种界面常见于三种类型的应用程序：通过手写识别输入文本内容，也称为"涂鸦式输入"；绘制基本的形状和符号；在屏幕上进行绘画。

最佳设计经验与准则

- 针对文本的输入，自动给出输入建议。
- 在用户绘制内容的时候向他们教授界面的使用方法。
- 给出建议和可能的输出字符。
- 对于游戏，通过简单的笔画形成命令。
- 在界面的特定区域进行输入。

用户体验要素

- 表现为如记事本和绘画等快速功能。
- 通过模糊逻辑识别形状。
- 应用程序可识别用户输入的内容。
- 提供撤销选项。
- 支持自动更正功能。

（+）另请参阅第 168 页**基于手势的用户界面**和第 164 页**多点触摸式用户界面**。

87 移动终端的时钟 App Mobile Clock App

移动应用程序中的功能型应用程序: 时钟

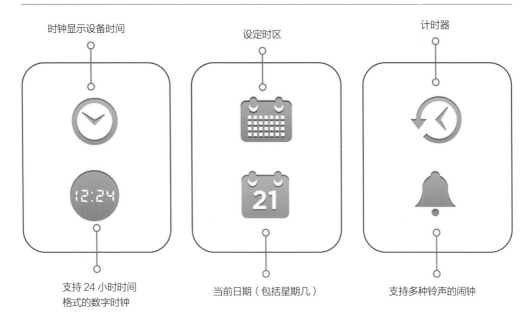

时钟显示设备时间

设定时区

计时器

支持 24 小时时间
格式的数字时钟

当前日期（包括星期几）

支持多种铃声的闹钟

移动终端的时钟应用程序模拟了传统的时钟, 它从设备读取时间数据, 然后以数字化或模拟的方式将其显示出来。它有一系列相关的功能, 包括针对世界上不同城市的时区、秒表以及闹钟等。

最佳设计经验与准则

- 保证设计的独特性、有效性和美观性。
- 简单易用的时区、闹钟等设定项。
- 允许用户设定闹钟, 选择多种闹钟声音。
- 针对目标用户采用不同的时间格式。
- 运动模式下要显示到毫秒。
- 艺术家可能喜欢没有数字的模拟时钟。
- 针对秒表和世界时钟使用基于实用功能的时钟。

用户体验要素

- 构建易于使用且美观的时钟应用程序。
- 以大号字体显示时间。
- 保证时间的显示简洁明了。
- 为时针、分针和显示背景打造合适的对比效果。

+ 另请参阅第 172 页**世界时钟** App 和第 128 页**信息类** App。

Colour Clock 是个极具视觉美感的应用程序，它根据当天不同的时间改变时钟的颜色，并设定环境色。它为读取时间提供了视觉线索，因为指针颜色和背景颜色的极大差异（两个小时之内不改变），用户仅通过颜色就可以读出时间。该程序利用 12 色相环构建出了具有独特美感的视觉体验。指针和背景用的是对比色。

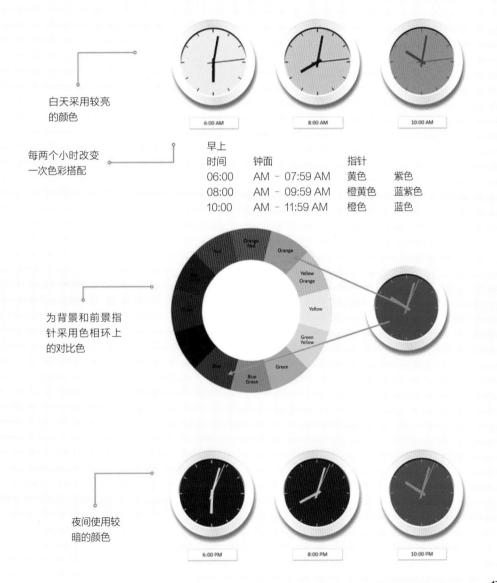

白天采用较亮
的颜色

每两个小时改变
一次色彩搭配

早上

时间	钟面		指针	
06:00	AM – 07:59 AM		黄色	紫色
08:00	AM – 09:59 AM		橙黄色	蓝紫色
10:00	AM – 11:59 AM		橙色	蓝色

为背景和前景指
针采用色相环上
的对比色

夜间使用较
暗的颜色

88 世界时钟 App World Clock App

显示世界上不同城市时间的 App

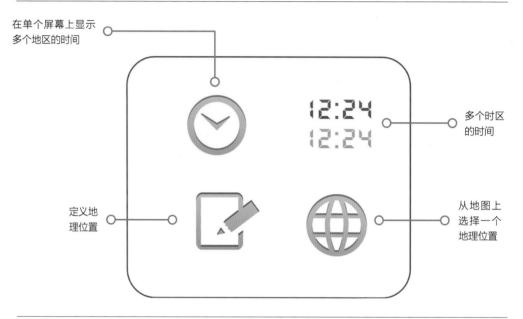

在单个屏幕上显示
多个地区的时间

多个时区
的时间

定义地
理位置

从地图上
选择一个
地理位置

世界时钟是一种特别的时间显示装置，它同时显示多个城市所在时区的时间，是旅行者和全球化工作团队手头必备的工具。一般来说，针对多个地方需要有多个不同的时钟 App，但世界时钟 App 在单屏内显示多个地区的时间。

最佳设计经验与准则

- 在单屏内显示多个城市和当地的时间。
- 支持用户从列表或地图上选择地理位置的方式设定时区。
- 保存用户的使用偏好。
- 支持夏令时制度。

用户体验要素

- 保证城市和时间的显示简洁明了。
- 支持用户自定义。

⊕ 另请参阅第 128 页**信息类 App** 和第 170 页**移动终端的时钟 App**。

移动终端传统的世界时钟 App 和新型世界时钟 App

传统的世界时钟在单个屏幕内显示了一个包括各个城市名称和时间的列表，而新型世界时钟则以表盘的形式显示了世界上 24 个城市的时间。时钟上某个城市的位置即代表该城市当前的小时及分钟数则通过分针读取。新的世界时钟根据 12 小时的时差，把 24 个城市进行分组，在时钟的同一位置并列两个城市，深色表示处于夜间的城市，相应地，浅色表示处于白天的城市。时钟上表示小时的刻度盘指向默认城市，带有城市名称的刻度盘每小时移动一次，把每个城市指向各自对应的时间。

用数字化格式在单个屏幕内显示多个地区的时间

通过点击从地图上选择某个地区

S.	Location A	TimeZone A	Time	PM/AM	Time	TimeZone B	Location B
1	London	UTC	12:00	PM/AM	00:00	UTC+12	New Zealand
2	Cape Verde	UTC-1	11:00	AM/PM	23:00	UTC+11	Kamchatka
3	Georgia	UTC-2	10:00	AM/PM	22:00	UTC+10	Sydney
4	Argentina	UTC-3	9:00	AM/PM	21:00	UTC+9	Tokyo
5	Puerto Rico	UTC-4	8:00	AM/PM	20:00	UTC+8	Singapore
6	New York	UTC-5	7:00	AM/PM	19:00	UTC+7	Thailand
7	Mexico	UTC-6	6:00	AM/PM	18:00	UTC+6	Bangladesh
8	Arizona	UTC-7	5:00	AM/PM	17:00	UTC+5	Maldives
9	Los Angeles	UTC-8	4:00	AM/PM	16:00	UTC+4	Mauritius
10	Fairbanks	UTC-9	3:00	AM/PM	15:00	UTC+3	Moscow
11	Hawaii	UTC-10	2:00	AM/PM	14:00	UTC+2	Finland
12	Samoa	UTC-11	1:00	AM/PM	13:00	UTC+1	Germany

分布在时钟周的 24 个城市的协调世界时（COORDINATED UNIVERSAL TIME，UTC）

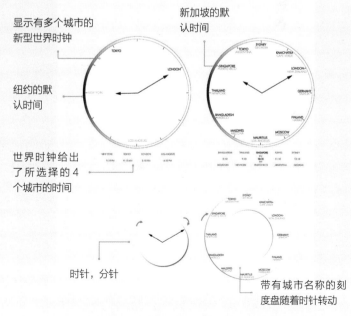

显示有多个城市的新型世界时钟

纽约的默认时间

世界时钟给出了所选择的 4 个城市的时间

新加坡的默认时间

时针，分针

带有城市名称的刻度盘随着时钟转动

89 混合数据型 App Mashup App

整合了多个网站数据的网络 APP

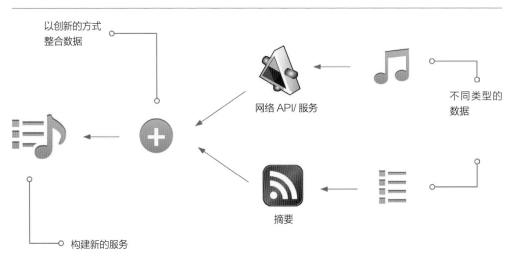

以创新的方式
整合数据

网络 API/ 服务

不同类型的
数据

摘要

构建新的服务

混合数据型 App 利用在线服务的 API，以独特且新颖的方式整合数据和功能，从而创建新的服务。很多混合数据型 App 都利用地图绘制远程数据，例如在地图上标示出汽油价格数据，从而帮助用户找出附近价格最低的汽油。

最佳设计经验与准则

- 关注于单一任务。
- 从不同的数据源收集实时数据。
- 支持用户个性化定义数据来源。
- 基于用户的使用偏好定义选项。
- 利用常见的 UI 展示整合数据。

用户体验要素

- 构建新颖、个性化的使用体验。
- 把数据与用户关联起来。
- 提供动态且有趣的内容。
- 保证 App 及时响应用户操作。

⊕ 另请参阅第 110 页基于 **Ajax 技术的网络应用程序**和第 128 页**面向服务的架构（SOA）设计**。

Tastebuds.fm

Tastebuds 是针对音乐爱好者的音乐、约会和社交网络。fm 是个数据混合型 App，它实现了非常独特的功能，能把有相同爱好的音乐的人聚集起来。它利用来自 Last.fm 的 API 来搜索音乐艺术家、专辑、歌曲等信息，还向用户推荐与用户有相似爱好的人。它还利用 Facebook 的登录 API 实现了整合社交网络。

基于 Last.fm 的 API 和 Facebook 的 API，用于约会的混合数据 App

利用了 Facebook 的登录 API

添加你的音乐爱好，连接与你有相似爱好的人

Tastedbud.fm 能为你所有可能形成的约会营造社交网络的使用体验

Tastedbud.fm 向用户推荐与用户有着共同音乐爱好的人

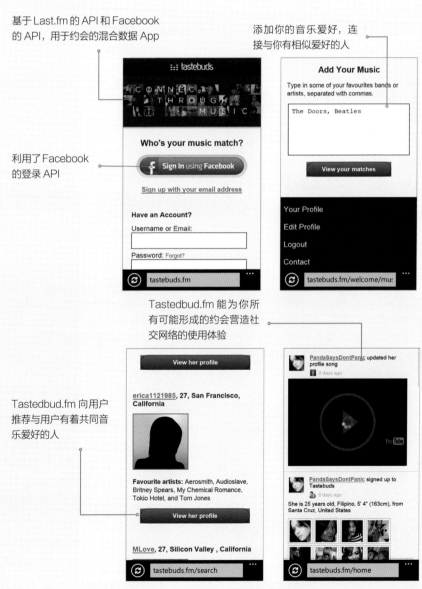

90 语音用户界面 Voice User Interface

基于语音的应用程序界面

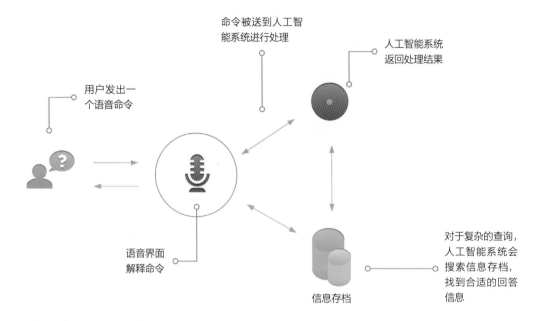

命令被送到人工智能系统进行处理

人工智能系统返回处理结果

用户发出一个语音命令

语音界面解释命令

信息存档

对于复杂的查询，人工智能系统会搜索信息存档，找到合适的回答信息

语音用户界面支持用户与语音应用程序进行交互。此类应用程序由多个部分组成，包括语音到文本的转换、人工智能、信息存档等。所有部分联合起来才能作出易于理解的应答。语音用户界面常应用于计算机游戏、移动终端接收命令和搜索功能。

最佳设计经验与准则

- 构建简洁的语音输入用户界面。
- 最好采用常见的命令。
- 为语音命令构建使用情境。
- 显示用户语音到文本的转换过程。
- 在聆听模式下给出视觉反馈。
- 以双向对话的方式帮助用户改善结果。

用户体验要素

- 为用户提供最精确的语音解释。
- 通过简单、精确的命令提升程序的易用性。
- 支持对结果进行提炼。
- 尝试营造不需要手动操作的使用体验。

⊕ 另请参阅第 34 页**交互式应答（IVR）系统**以及第 124 页**手机 APP**。

Lumia 900 手机带有一个语音用户界面，它支持用户通过对手机说话的方式快速执行命令和搜索。长按 Windows 键能激活语音用户界面，此时系统会给出一个基本的语音命令示例。当用户按下"Speak"按钮就会启动语音输入，之后系统会把语音转换成文本，然后启动相应的命令。

Lumia 900 中的语音用户界面

可执行的快速
语音命令

声波图能给用户提供关于语音输入的反馈

"Speak"
按钮能启动
语音输入

启动语音用户界面的快捷方式

将用户语音转化为
文本并显示，例如
"VISA"

经过搜索之后，UI
向用户反馈的结果
是一些有"VISA"
字样的图片

复杂的输入可能让
语音应用程序进入
"思考"模式

没有搜索结果时默认
返回到报错对话框

91 10-Foot 用户界面 10-Foot User Interface

应用于大屏幕电视的用户界面

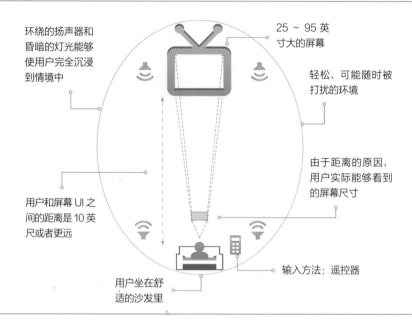

环绕的扬声器和昏暗的灯光能够使用户完全沉浸到情境中

25 ~ 95 英寸大的屏幕

轻松、可能随时被打扰的环境

由于距离的原因，用户实际能够看到的屏幕尺寸

用户和屏幕 UI 之间的距离是 10 英尺或者更远

输入方法：遥控器

用户坐在舒适的沙发里

10-Foot 用户界面能帮助用户利用远程输入装置与电视机进行交互。电视机和用户的距离较大，与计算机或移动设备不同（1 ~ 2 英尺远），因此需要谨慎地对界面进行设计。

- 使用易于在电视机上阅读的深色文字，不要采用较亮的颜色。
- 线条粗细程度不低于 2 点，为文字和图像设置 1 英寸的外边界。

最佳设计经验与准则

- 利用全屏显示的 UI 让用户完全沉浸在横向滚动页面的布局中。
- 使用高质量、可缩放的矢量图。
- 采用 4:3 或 16:9 的画面比例，使用类似于 720P 或 1080P 较高的分辨率。
- 避免出现段落文字——把标题和题目限定在一行之内。
- 采用大号、反锯齿的无衬线字体，720P 分辨率下可使用最小 18 号字体，1080P 分辨率下可使用最小 24 号字体。

用户体验要素

- 为电视机采用多媒体式的控制方式，如倒回、快进、暂停等。
- 为了营造更好的沉浸感，采用较深的背景色，这样能最大限度地减少光线的释放，使眼睛更舒适。
- 避免复杂的交互方式，如通过触摸屏幕、鼠标或键盘输入内容等方式。
- 加载动态内容时，给出视觉反馈，随时向用户呈现更新的内容。

⊕ 另请参阅第 28 页**仪表盘 / 记分卡**和第 92 页**富互联网应用程序（RIA）**。

YuppTV 频道

Roku 视频播放器的 Yupp TV 是个基于因特网的电视频道。它采用了简洁、友好的 10-Foot 用户界面播放内容。

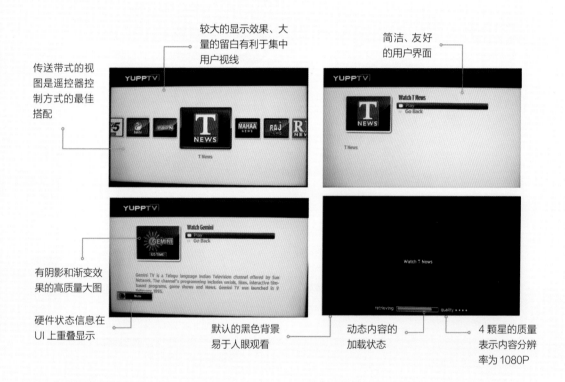

较大的显示效果、大量的留白有利于集中用户视线

简洁、友好的用户界面

传送带式的视图是遥控器控制方式的最佳搭配

有阴影和渐变效果的高质量大图

硬件状态信息在 UI 上重叠显示

默认的黑色背景易于人眼观看

动态内容的加载状态

4 颗星的质量表示内容分辨率为 1080P

92 游戏用户界面 Games UI

主机游戏游戏的用户界面

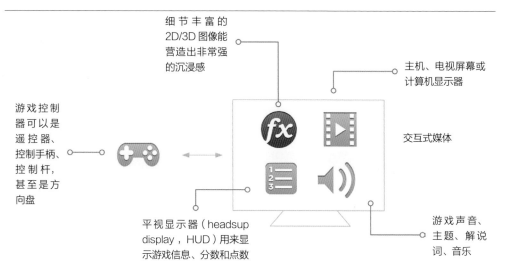

细节丰富的
2D/3D 图像能
营造出非常强
的沉浸感

主机、电视屏幕或
计算机显示器

游戏控制
器可以是
遥控器、
控制手柄、
控制杆，
甚至是方
向盘

交互式媒体

平视显示器（headsup
display，HUD）用来显
示游戏信息、分数和点数

游戏声音、
主题、解说
词、音乐

主机游戏属于交互式、富多媒体的视频游戏应用程序，通常在高分辨率的大屏幕上运行。电影般细节丰富的图像和精彩的故事叙述能把用户带入到复杂的游戏世界，形成非常具有沉浸感的体验，而实现这些绝非易事。用户对游戏的控制依靠控制杆或无线控制器完成。

最佳设计经验与准则

- 把操作界面绘制到控制器按钮与传感器上。
- 用平视显示器显示游戏中的相关信息。
- 利用图像、声音和振动构建多重反馈系统。
- 利用第三人称界面创建外围视角，实现类似于看电影的体验。
- 构建基于控制器的操作模式，最好利用方向键进行导航。
- 为解说、游戏主题、声音和音乐采用高级音效。

用户体验要素

- 尽可能少地使用情境化信息，采用标准的视觉化图标。
- 使用高质量的图形，提升 3D 渲染速度。
- 采用与游戏主题相契合的字体。
- 采用明亮的颜色和能及时响应的 UI 元素。
- 为游戏构建多个视角："上帝视角"（God view）、摄像机视角和玩家视角。

⊕ 另请参阅第 178 页 **100-Foot 用户界面**和第 140 页**移动终端游戏类 App**。

Roku TV 上的 Angry Birds 游戏

Angry Birds 是个非常流行的主机游戏, 它有丰富的图像, 给用户带来良好的交互体验。它利用 Roku 播放器可自定义的遥控器和其他一些命令来控制游戏。

大屏幕游戏的界面简约低调

自定义的游戏字体和光标

利用遥控器可以进行交互

针对大屏幕的大按钮

HUD 界面用来显示分数和控制命令

明亮且吸引人的色彩

通过不同视角和渐变实现深度效果和 3D 效果

操作简单的游戏控制器

方向键导航

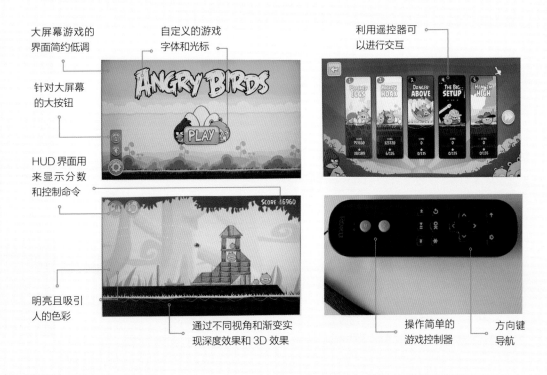

93 "欢迎使用"邮件 Welcome Email

发送给订阅者的第一封邮件

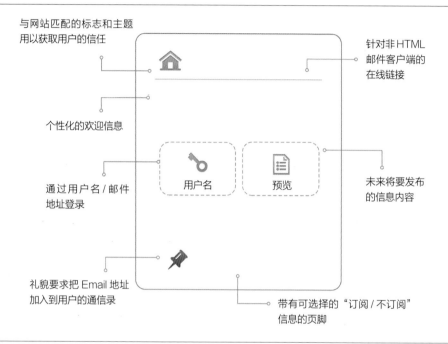

与网站匹配的标志和主题用以获取用户的信任

针对非 HTML 邮件客户端的在线链接

个性化的欢迎信息

用户名　　预览

通过用户名 / 邮件地址登录

未来将要发布的信息内容

礼貌要求把 Email 地址加入到用户的通信录

带有可选择的"订阅 / 不订阅"信息的页脚

"欢迎使用"邮件用来向订阅者确认在线服务。此类服务可以是免费订阅折扣、产品试用或文章，也可以是类似于网站主机或电子杂志之类付费服务。"欢迎使用"邮件是订阅者可选择的，与服务商进行交流的起点，同时也会给出将要向订阅者提供预览信息。

最佳设计经验与准则

- 利用登录信息对订阅者的使用表示欢迎。
- 利用富 HTML 格式构建良好的设计，尽可能少地使用图像。
- 保证邮件遵循 CAN-SPAM 法规（或反垃圾邮件法）。
  - 明确标出邮件接收者的姓名。
  - 保证内容与主题的关性（检查是否存在垃圾邮件中常见的词汇）。

- 给予用户选择"不"的权利（提供"不订阅"的选项）。
- 明确说明邮件目的，给出清晰明了的内容。
- 有效的物理地址。
- 提供指向账户信息、技术支持以及隐私政策的链接。

用户体验要素

- 保证内容不超过一页，最好以单列方式排版。
- 帮助用户包括第一次订阅的用户启动服务。
- 请求把自己的邮件地址加入到用户的安全发送者列表内。
- 避免出现网页广告和推销信息。
- 利用颜色和字体提升信息块的可识别度。

+ 另请参阅第 184 页**邮件营销活动**和第 186 页**邮箱订阅信息**。

MailChimp.com 的 "欢迎使用" 邮件

MailChimp.com 提供了一项在线的邮件营销服务。它利用单列布局显示内容，为内容块加上了圆角效果。其设计采用了富 HTML 格式，只用了两张图像：用于提升邮件可信度的标志和吉祥物形象。

采用最少量图片的单页布局，富 HTML 格式

标志能提升邮件的可信度

点击此处开始

青色背景加上大面积留白能营造出良好的视觉美感

账户信息

启用信息

指向博客和知识库的快速链接

物理地址

94 邮件营销活动 Email Marketing Campaign

通过邮件推销产品、服务或推送某些事件信息

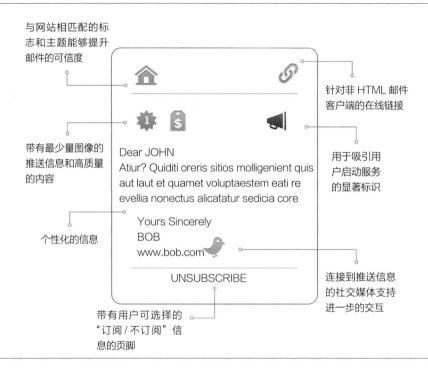

与网站相匹配的标志和主题能够提升邮件的可信度

带有最少量图像的推送信息和高质量的内容

个性化的信息

Dear JOHN
Atiur? Quiditi oreris sitios molligenient quis aut laut et quamet voluptaestem eati re evellia nonectus alicatatur sedicia core

Yours Sincerely
BOB
www.bob.com

UNSUBSCRIBE

针对非 HTML 邮件客户端的在线链接

用于吸引用户启动服务的显著标识

连接到推送信息的社交媒体支持进一步的交互

带有用户可选择的"订阅 / 不订阅"信息的页脚

邮件营销活动指的是向大量人群发送推销广告，以售卖产品或服务的过程。它是带有特定目的单体形式的营销活动，包含一个带有推销信息的电子传单。该邮件的发送目标群体是订阅者 / 已有消费者以及有可能接受推销的潜在消费者。

最佳设计经验与准则

- 利用 HTML 表格和少量的内联 CSS 格式进行布局。
- 采用单列浮动布局，固定宽度，不超过 600 像素。
- 标题行采用粗体，内容完整可靠——但不要进行推销。
- 提供指向非 HTML 的邮件客户端和"不订阅"选项。

用户体验要素

- 邮件中要尽可能少地插入图像，文字段落尽量精简。
- 保证信息清晰明了，通俗易懂。
- 通过字体格式和表格背景色丰富内容的表现形式。
- 把重要信息放在顶端显示，不超过 500 像素宽，供接收者在邮件客户端进行预览。
- 避免使用视频、Flash 动画和动态 Gif 图像。

+ 另请参阅第 50 页**主页**和第 186 页**邮箱订阅信息**。

A Book Apart 网站的邮件营销活动

A Book Apart 的邮件营销活动页面非常美观，且目的明确。它的目标是向设计师推销刚出版的两本新书。其页面包括清晰的网站 URL，在工具栏的底部还提供了"不订阅"选项。

HTML 信息支持形式丰富、图像化的邮件

主要区域用来推销新出版的两本书

简洁的单色主题，使图像最小化

根据客户群体对邮件进行了个性化设计

带有地址的签名行

用户可以选择的"订阅 / 不订阅"选项

针对非 HTML 邮件客户端的链接

只显示与当前推销信息有关的链接

邀请用户连接到社交媒体

95 邮箱订阅信息 Email Newsletter

定期通过邮件向订阅者发送的订阅者感兴趣的和有报道价值的内容

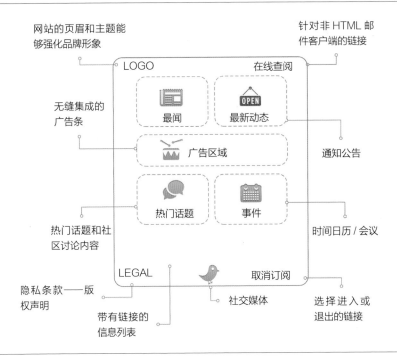

网站的页眉和主题能够强化品牌形象

针对非 HTML 邮件客户端的链接

无缝集成的广告条

通知公告

热门话题和社区讨论内容

时间日历 / 会议

隐私条款——版权声明

社交媒体

选择进入或退出的链接

带有链接的信息列表

邮箱订阅信息使得网络实体能够通过电子邮件向消费者连续发送通知、新闻、事件报道、产品发布信息以及其他推送信息。它有助于保持顾客关系的持续性，关注于品牌认知度，同时也能提升网站的访问量。

最佳设计经验与准则

- 注重强调企业品牌，采用和网站相一致的色彩方案。
- 用形式丰富的单页邮件显示信息块。
- 尽可能少地使用图像，并对图像进行优化，保证界面的视觉美感。
- 对于篇幅较长的内容，使用带有锚点的内容列表。
- 为网页广告和附属的营销内容留出一定的空间。

- 提供在线阅读、退订，关于隐私政策以及版权信息的链接。

用户体验要素

- 保证每次的数字化订阅信息在 100K 以下。
- 采用两边留白的 HTML 表格进行布局。
- 通过表头和标题使得内容可以快速浏览。
- 尽可能少地采用可能无法正常显示的特殊字符。
- 提供完整的 URL，如果可能，把 URL 变得更短一些。
- 避免采用背景色、图像和高级 CSS 样式。

⊕ 另请参阅第 184 页**邮件营销活动**和第 182 页**"欢迎使用"邮件**。

美国放射学会的邮件订阅信息

美国放射学会的邮件订阅信息页面的主题非常简单，以白色的背景。它利用了多个内容块格式，页面的内容只有少量图像，通过字体样式和文字颜色对数据块进行了区分。

在线阅读选项

构建品牌形象的标志和页眉设计

留白区域和较粗的边框为订阅内容规划出了页面布局架构

只有少量图像，带有特殊格式的信息块

标题采用与内容不同的颜色，形成了易于识别的信息块

内容与白色背景形成了良好的对比效果，增强了文字的可读性

遵守 CAN-SPAM 标准的物理地址

社交媒体分享选项

96 电子杂志 E-zine

定期向订阅者发送报道性文章的微型电子杂志

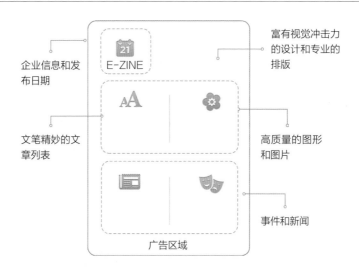

企业信息和发布日期

富有视觉冲击力的设计和专业的排版

文笔精妙的文章列表

高质量的图形和图片

事件和新闻

广告区域

　　电子杂志(电子版的爱好者杂志)中有文笔精妙的文章、有用的信息、新闻和关于某一主题的流行趋势。这些内容经过专业的编辑和布局之后,形成了一本包括有丰富的图片和图像的杂志。电子杂志主要关注于和某个主题相关的高质量原创内容。

最佳设计经验与准则

- 简洁的设计,在出版时列出内容目录。
- 利用专业的图像构建丰富的视觉感受。
- 对文章进行专业的排版设计,提供作者名称和联系信息。
- 提供清晰明了的网页广告或为附属的广告营销留出特定区域。
- 保证邮件遵守 CAN-SPAM 标准,提供关于用户隐私的条款。
- 提供最近的新闻和事件。

用户体验要素

- 同时注重内容编辑和布局的质量。
- 提供内容完整的文章。
- 保证信息来源的可靠性,定期发布。
- 允许用户自己打印,支持离线阅读。
- 每个电子杂志都是微型杂志,将其保持在 5 ~ 10 页之内。

(+) 另请参阅第 184 页**邮件营销活动**和第 186 页**邮箱订阅信息**。

Bellwood Chamber 的电子杂志

本示例说明了 Bellwood Chamber University 的商业协会是如何在每个月把电子杂志发送到订阅者邮箱的。该杂志包括有一系列关于商业协会的发展趋势和新闻的原创短文，其布局非常专业，采用了高质量的图像。

带有大量图像，具有视觉冲击力的设计

一月一期

文笔精妙且经过良好编辑的付费内容

带有高质量图片，样式丰富的布局

为订阅者提供的短文系列

关于最新事件的新闻

杂志风格的三列式布局

广告区域

97 **自然用户界面** Natural User Interface

基于用户日常行为进行交互的界面

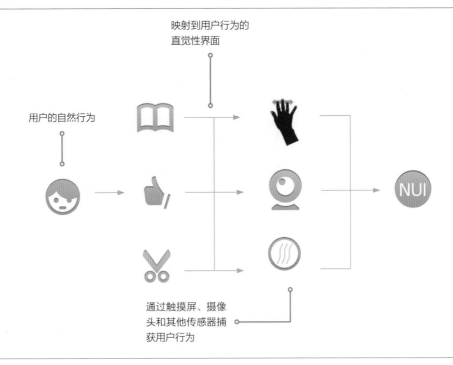

映射到用户行为的
直觉性界面

用户的自然行为

通过触摸屏、摄像
头和其他传感器捕
获用户行为

NUI

自然用户界面(NUI)属于图形用户界面的进化形式,它在用户和计算机之间构建了更为流畅的交互。NUI 通过用户的自然姿势与应用程序进行交互,就像用户与实物对象进行交互一样。例如,在采用了多点触摸技术的电容屏上,执行翻书操作和在现实世界中翻书的感受几乎一样。NUI 可以通过触摸、姿势、语音和动作传感器实现。

最佳设计经验与准则

- 在创建界面时,参照与现实中物理活动相近的自然行为。
- 通过高级硬件把自然姿势映射到用户与界面的交互上。
- 允许用户学习和亲自探索交互行为。
- 支持直接与内容进行交互。
- 保证界面反应的实时性。

用户体验要素

- 从日常行为中转换出关键的交互姿势,将其用作交互行为。
- 针对单个应用设计特定的界面。
- 对于经常使用的内容项,保证交互方式的简洁性,易于用户识记。
- 用流畅且自然的界面启发用户。
- 保证界面符合用户习惯并且简洁易用。

(+) 另请参阅第 192 页**自然语言界面**。

带有 Kinect 的微软 Xbox 游戏机上的体感运动游戏

在带有 Kinect 的微软 Xbox 游戏机上，控制游戏的遥控器非常独特——就是用户自己。用户站在控制器的前面，将自己的身体映射到软件之中。以乒乓球游戏为例，站在控制台前的用户通过自己手中的虚拟球拍进行游戏，就好像和真正的对手打球一样。带有 Kinect 的微软 Xbox 游戏机利用范围摄像头和声音处理技术追踪复杂的人体动作和姿势，从而使这一切成为可能。

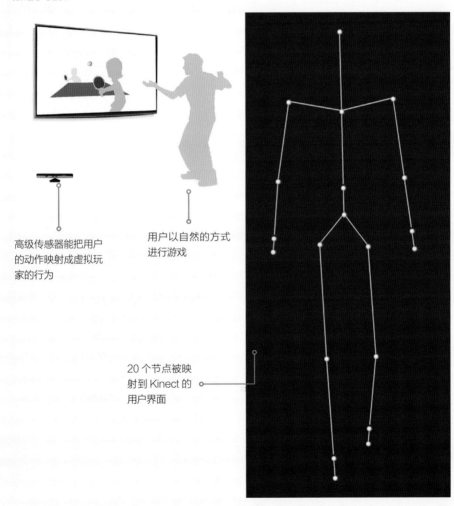

高级传感器能把用户的动作映射成虚拟玩家的行为

用户以自然的方式进行游戏

20 个节点被映射到 Kinect 的用户界面

98 自然语言界面 Natural Language Interface

利用口头语言进行交互的界面

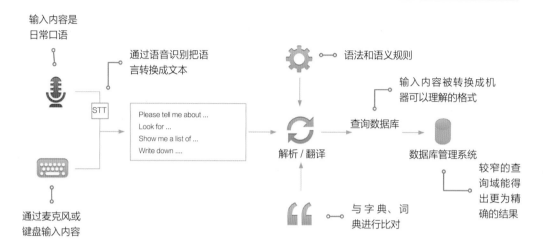

输入内容是
日常口语

通过语音识别把语
言转换成文本

STT

Please tell me about ...
Look for ...
Show me a list of ...
Write down ....

通过麦克风或
键盘输入内容

语法和语义规则

输入内容被转换成机
器可以理解的格式

查询数据库

数据库管理系统

较窄的查
询域能得
出更为精
确的结果

解析 / 翻译

与字典、词
典进行比对

自然语言界面（NLI）支持用户通过手写或口头语言（如英语）和系统进行交互。系统会把日常用语、问题以及请求变成查询数据库的命令。自然用户界面在自动语音识别系统（ASR）、搜索程序、词典和记事本程序中得到了应用。当应用到特定的知识域时，NLI 就能有效地发挥其作用。

最佳设计经验与准则

- 用输入内容驱动界面。
- 为应用程序构建专用命令。
- 提供基于发音学和语言学的交互命令教学，支持个人风格识别。
- 给出反馈信息，即时显示输入结果。
- 在检索不到结果时，给出建议结果。
- 为最常用的短语和使用方式提供帮助内容。

用户体验要素

- 使用特定知识领域的词汇。
- 按照应用程序的使用情境过滤选项。
- 在用户和计算机之间构建开放的对话环境。
- 提供纠错功能。
- 在处理用户请求时，显示处理进度。

⊕ 另请参阅第 176 页**语音用户界面**和第 190 页**自然用户界面**。

FlyEx 数据库的自然用户界面

圣彼得堡国立技术大学创建了一个用于查询果蝇信息数据库的自然语言界面。该界面允许用户通过输入自然短语来搜索信息。它给出了一系列示例,帮助用户构建自己的查询条件。

把输入的自然语言作为查询条件

根据各种不同的方法构建查询条件

约束查询域,以获得更好的结果

向用户提供帮助的示例

查询过程

非常灵活,允许用户编辑查询条件

99 智能用户界面 Intelligent User Interface

以友好、人性化的方式学习并适应用户的交互和通信方式的界面

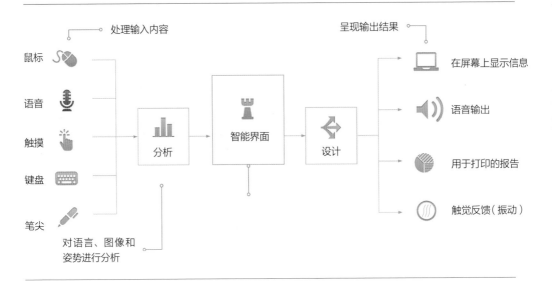

智能用户界面支持用户和计算机展开对话。这类界面能够基于情境适应用户的交互习惯，学习用户所拥有的知识，解释并生成最小的自然语言单元，然后以文本或语音的方式呈现出来。它还能与其他交互方式一起构成自然语言，与用户进行对话，也能够向用户解释交互结果。例如，著名的国际象棋计算机 Boris "说" 道："我非常期待那一刻。"

最佳设计经验与准则

- 适应不同用户和情境下的交互行为。
- 与用户一起构建关于用户的知识。
- 在可能的时候，把自然界面和自然语言界面进行整合。
- 支持系统与用户展开自然语言对话。
- 保证输出结果的呈现方式符合人的习惯。
- 以不干扰用户的方式向用户解释交互结果。

用户对于智能用户界面的期望在于，舒适的感受和令人惊喜的交互体验。

用户体验要素

- 如果没有发现相关结果，要提供智能化的界面反馈。
- 给出中间逻辑，用以解释交互结果。
- 用开始屏幕或快速向导帮助用户完成交互。
- 提供基于GUI的应用程序，允许用户通过键盘访问所有内容。
- 界面的设计能帮助用户完成任务。

（+）另请参阅第 190 页**自然用户界面**和第 176 页**语音用户界面**，以及第 192 页**自然语言界面**。

Apple iPhone的Siri是个虚拟助理应用程序，它支持用户和设备展开基于自然语言的交互。语音输入被处理之后，会自动转换成文字，然后呈现出系统的反应，或者由Siri直接说出来。

与用户展开双向的自然语言对话

简洁且不干扰用户的界面，在长按Home键的时候可以启动

在处理输入内容的同时向用户显示处理结果

自然的交互输入内容：语音

使用智能 UI 时的快速帮助信息

基于"电影"领域的、更为精确的交互结果

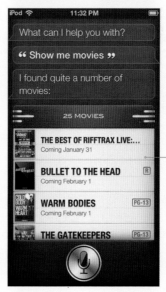

100 有机用户界面 Organic User Interface

把物理对象及其形态作为输入内容的界面

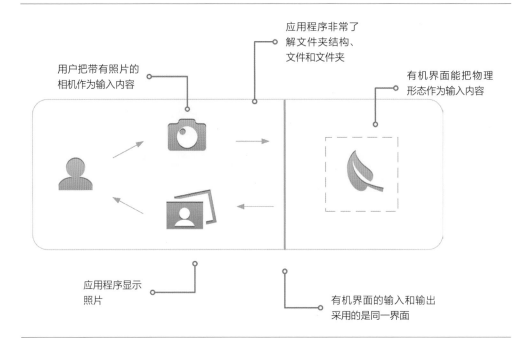

用户把带有照片的相机作为输入内容

应用程序非常了解文件夹结构、文件和文件夹

有机界面能把物理形态作为输入内容

应用程序显示照片

有机界面的输入和输出采用的是同一界面

有机界面可以把任何物体作为输入内容，在同一界面上进行输入和输出。它利用了直接操纵技术，支持用户与日常生活中的物理对象展开形式独特的交互。

最佳设计经验与准则

- 对于物理性交互，利用触觉输出结果，提供流畅的交互体验——比如，能够像真实的报纸一样弯曲的电子报纸。
- 支持无缝的信息交互，提供多个交互接触点。
- 采用连续的交互状态，而不是离散型的开启 / 关闭状态。
- 采用流动形态的有机界面，保证其可交互性，支持界面根据情境发生变化——与 GUI 不同，GUI 中的屏幕大小和维度都是固定的。

用户体验要素

- 保持界面的简洁和自然。
- 跳过处理步骤，直达结果。
- 避免使用菜单、文件夹和文件系统等类似于计算机系统的层级结构。
- 利用摄像机捕捉输入内容，例如，启动照片导入程序，然后启动照片库显示已导入的照片。

(+) 另请参阅第 190 页**自然用户界面**和第 192 页**自然语言界面**。

Microsoft PixelSense App
（之前称为 Microsoft Surface）

Microsoft PixelSense是个带有交互功能的独特桌面——计算机平台，它支持用户在屏幕表面放置一个物体，然后与其进行交互。桌面大小般的屏幕同时作为输入和输出界面。它能够与物体进行流畅的通信，也可以识别手指、手掌以及放在屏幕上的物体，它还支持在不使用摄像头的情况下基于人类视觉的交互方式。

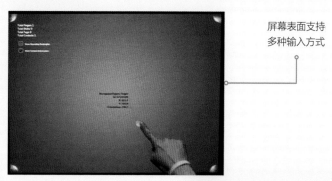

屏幕表面支持
多种输入方式

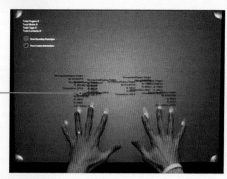

屏幕表面能对十
个手指的输入做
出不同的反应

该表面能对物理
对象做出反应

贡献者

Andersonwise.com
www.andersonwise.com

Apple
www.apple.com

Bellwood Chamber
www.bellwoodchamber.org

CubeAssembler.com
www.cubeassembler.com

Elegant Themes
www.elegantthemes.com

Freshbooks.com
www.freshbooks.com

Infibeam
www.infibeam.com

Infragistics
www.infragistics,com

Jagriti Sinha
www.jagritisinha.com

Kunal Chowdhury
www.kunal-chowdhury.com

Lakshmi Chaitanya
www.ilakshmi.com

Microsoft
www.microsoft.com

Nokia
www.nokia.com

OliveandMyrtle
www.olivadnmyrtle.com

Paint.Net
www.getpaint.net

Pro Track Online
www.protrackonline.com

QlockTwo
www.qlocktwo.com

Silverlight Fun
www.silverlightfun.com

Survey Monkey
www.surveymonkiey.com

Tastebuds.fm
www.tastebuds.fm

Trulia
www.trulia.com

Voicent
www.voicent.com

Wordpress
www.wordpress.com

Zedo
www.zedo.com

图片版权

Anderssonwise.com, 123
Apple Inc., reprinted with permission, 21, 43, 98, 103
Asher Barak, 197
Bellwood Chamber, 189
CubeAssembler.com, 37
ElegentThemes.com, 61
Freshbooks.com, 45
Infibeam, 157
Infragistics.com, 29
Jagriti Sinha, 57
Kunal Chowdhury, 151
Lakshmi Chaitanya, 53
LGPL software, 23
Microsoft, reprinted with permission, 7, 13, 135, 177
Nokia, 153, 161
OliveandMertyle.com, 63
Paint.net, 15

QlockTwo, 131
Shutterstock, 5
Silverlightfun.com, 115
SurveyMonkey, 39
Tastebuds.fm, 175
TrickofMind Gadget, 27
Trulia, 133
Unicrow.com, 55
University of Washington , Licensed under the Apache
License, 9
Vilia, 75
Voicent, 35
W3C, 119
Wikitude, 149
Wordpress , 109
Zedo.com, 51

致谢

写这本书的过程如 80 天环游全世界一般精彩，但这并不是个轻松惬意的旅程。其原因倒不在于身心的疲劳，而是我需要在那么短的时间内了解太多的设计。数字设计世界呈现出了前所未有的繁荣。从最初的起源开始，一直到介绍完所有重要的设计发展历程和当前的设计趋势，这绝对是件具有里程碑意义的事情。

首先要感谢威廉·立德威尔（William Lidwell），他的著作《Universal Principles of Design》（2003年由 Rockport 出版社出版）激发了我撰写这本书的灵感。我从他的书中了解到了很多前所未见的设计准则，并由此获得了一些启发，找到了撰写这本书的切入点——找出设计的准则，然后将其应用到具体的设计实践之中。本书描述了如何把设计准则应用到真正的数字产品设计中去。经过了数以百计、来往不断的邮件，研究了无数的设计，在付出了两年的努力后，这本书终于尘埃落定。万分感谢，威廉！

我还要感谢另外两位在设计界极具影响力的人物：史蒂夫·乔布斯，苹果公司的 CEO（1997～2011 年），以及诺基亚的设计总监马可·埃迪萨瑞（Marko Ahtisaari）。他们极大地影响了我的设计思维，"听君一席话，胜读十年书"啊！正是他们的故事在不断地激励我前进。感谢你们，史蒂夫，马可。

感谢诺基亚的设计人员瑞塔·帕拉达（Rita Parada），她在本书的开篇部分帮助我阐明了数字设计的概念。同样还要感谢我的同事兼挚友阿里克斯·布拉沃（Alex Bravo），在过去的岁月中，我曾和他无数次地讨论关于设计的问题，他为本书作出了很多贡献，有的可能我还没有意识到。

感谢所有为本书提供案例的软件开发人员、App 开发人员和网站设计师。

感谢我的家人，特别是我的妈妈、爸爸和兄弟，他们给予了我无尽的信心。最后，感谢我心中耀眼的明星，我亲爱的妻子——拉克什米（Lakshmi）。她在我撰写本书的过程表现出了无限耐心，向我提供了巨大的支持。

作者简介

拉杰·拉尔（Raj Lal）是一位在世界范围内享有盛名的数字产品设计与开发的领导者，他设计和开发的产品被无数人所使用。他从事 UI 设计已有数十年时间，曾参与过五十多个桌面、网络和移动应用程序的设计与开发，还撰写过一些关于桌面和移动设备应用程序设计的书籍，在世界范围内做过关于网络技术的演讲。他曾是坐落在硅谷的诺基亚总部的技术人员，现居住在加利福尼亚州的山景城。更多信息请参阅 http://iRajLal.com，以及他的推特账号 @iRajLa。关于本书的更多信息，请移步 http://dsgnmthd.com。

图书在版编目（CIP）数据

UI设计黄金法则：触动人心的100种用户界面/（美）拉尔编著；王军锋，高弋涵，饶锦锋译. —北京：中国青年出版社，2014.9（2022.4重印）

书名原文：Digtial design essentials

ISBN 978-7-5153-2665-8

I.①U… II.①拉… ②王… ③高… ④饶… III.①人机界面－程序设计 IV.①TP311.1

中国版本图书馆CIP数据核字（2014）第199233号

版权登记号：01-2014-5052
© 2013 Rockport Publishers

UI设计黄金法则：触动人心的100种用户界面

编　　著：	[美]拉杰·拉尔
译　　者：	王军锋　高弋涵　饶锦锋
企　　划：	北京中青雄狮数码传媒科技有限公司
责任编辑：	刘稚清　张军
策划编辑：	赵媛媛　陈皓
助理编辑：	孙艳冰
书籍设计：	六面体书籍设计　彭涛
出版发行：	中国青年出版社
社　　址：	北京市东城区东四十二条21号
网　　址：	www.cyp.com.cn
电　　话：	（010）59231565
传　　真：	（010）59231381

印　　刷：	北京利丰雅高长城印刷有限公司
规　　格：	787 × 1092　1/16
印　　张：	12.5
字　　数：	289千
版　　次：	2014年10月北京第1版
印　　次：	2022年4月第11次印刷
书　　号：	978-7-5153-2665-8
定　　价：	69.80元

如有印装质量问题，请与本社联系调换
电话：（010）59231565
读者来信：reader@cypmedia.com
投稿邮箱：author@cypmedia.com
如有其他问题请访问我们的网站：http://www.cypmedia.com